当代
城市更新
实例集

中国建筑学会建筑改造和城市更新专业委员会
中建研科技股份有限公司 | 主编
中国建筑第五工程局有限公司

中国建筑工业出版社

图书在版编目（CIP）数据

当代城市更新实例集 / 中国建筑学会建筑改造和城市更新专业委员会，中建研科技股份有限公司，中国建筑第五工程局有限公司主编. -- 北京：中国建筑工业出版社，2025.2. -- ISBN 978-7-112-30730-2

Ⅰ.TU984

中国国家版本馆CIP数据核字第2025JF4282号

责任编辑：刘　丹　黄习习
责任校对：王　烨

当代城市更新实例集

中国建筑学会建筑改造和城市更新专业委员会
中建研科技股份有限公司　　　　　　　　　主编
中国建筑第五工程局有限公司

*

中国建筑工业出版社出版、发行（北京海淀三里河路9号）
各地新华书店、建筑书店经销
北京锋尚制版有限公司制版
北京富诚彩色印刷有限公司印刷

*

开本：880毫米×1230毫米　1/16　印张：15¼　字数：270千字
2025年3月第一版　　2025年3月第一次印刷
定价：**188.00**元
ISBN 978-7-112-30730-2
（44006）

版权所有　翻印必究
如有内容及印装质量问题，请与本社读者服务中心联系
电话：（010）58337283　　QQ：2885381756
（地址：北京海淀三里河路9号中国建筑工业出版社604室　邮政编码：100037）

本书编委会

学术顾问（以姓氏笔画为序）

王建国　庄惟敏　李兴钢　孟建民　修　龙　崔　愷

主　任（以姓氏笔画为序）

刘军进　李　凯

副主任（以姓氏笔画为序）

冯正功　孙一民　李存东　杨　瑛　肖从真　张　杰　周晓夫
赵元超　胡　越　桂学文　钱　锋　韩冬青

编　委（以姓氏笔画为序）

王　祎　邓　刚　代　理　白宝萍　汤羽扬　张　力　张　宇
张　兵　陆　强　林云峰　金艳萍　赵明锋　徐千里　唐文胜
曹殿龙　宿新宝　景　泉　赖　军　潘丽莎　薛　明　薄宏涛

编委会办公室主任

李　倩

编委会办公室成员（以姓氏笔画为序）

王欣然　李　霞　周　洁　盛建武

序一

2022年党的二十大报告中明确提出实施城市更新行动，这一战略部署不仅为城市更新提供了宏观指导和政策支持，更彰显了国家对于提升城市功能、改善城市环境、增强城市韧性和构建智慧城市的高度重视。2024年的政府工作报告也提出"稳步实施城市更新行动"。在多项政策导向下，城市更新不再仅仅是物理空间的简单重组或建筑物的拆旧建新，而是一场涉及社会文化、经济结构、生态环境等多层面、多方面的深度整合与全面提升。城市，作为人类文明发展的结晶，其每一次更新与蜕变都是对过往的致敬与未来的憧憬。

城市更新，是历史记忆与现代愿景的交融。在保留城市独特的历史风貌和文化底蕴的同时，融入现代设计理念和技术手段，使城市在保持传统韵味的同时焕发新的生机与活力。这不仅有助于提升城市的整体形象和文化品位，更能让城市居民在享受现代生活便利的同时，感受到深厚的文化底蕴和历史传承。

城市更新，也是社会结构与经济结构的优化调整。通过城市更新，可以优化城市功能布局，提升城市承载能力，推动产业升级和结构调整。同时，城市更新还能有效改善城市居民的居住条件和生活环境，提升居民的生活质量和幸福感。此外，城市更新还能激发城市经济发展的新动力，促进城市经济的持续健康发展。

城市更新，更是生态环境的保护与修复。在城镇化进程不断加快的今天，生态环境问题日益凸显。城市更新行动将生态环境保护作为重要内容之一，通过生态修复、环境整治等手段，改善城市生态环境质量，提升城市生态服务功能。这不仅有助于提升城市居民的生活品质，还能为城市经济的可持续发展提供坚实的生态保障。

本书汇编了国内多个城市更新的典型案例，这些案例不仅展示了城市面貌的焕然一新，体现了"以人为本"理念的实践探索，更是从社会影响力和对城市的贡献度、规划和建筑设计的技术层面、前期策划到后期运营的全过程、政策和规范突破、融资方式创新及社会力量引入模式的创新等多维度对优秀案例实践归纳总结，以期在可操作性和复制性方面总结经验，推动各地区的城市更新工作交流，探索建立健全城市更新的政策制度和工作机制，创新投融资模式、设计理念、技术手段和运营模式，引领全国城市更新的变革，让城市更新不仅实现文明的传承和文化的赓续，还能重赋建筑项目新的功能，改善人居环境，提升城区品质，激发城市发展活力，为我国城市更新可持续发展作出新的探索和贡献。

城市更新是一项复杂而艰巨的任务，它要求我们在尊重历史、面向未来的同时不断探索和创新。本书汇编的案例只是中国城市更新实践中的冰山一角，但它们所展现的理念和方法，无疑为我们提供了宝贵的经验和启示。未来，随着技术的不断进步和社会需求的不断变化，城市更新将拥有更加广阔的发展空间和无限的可能性。我们期待每一位城市规划者、设计师、居住者都能成为城市更新的参与者和推动者，共同创造更加美好、和谐、可持续的城市未来。

中国建筑学会理事长

序二

　　城市更新是一项涉及社会治理、公共安全、经济发展、文化传承、环境保护等许多维度的复杂系统工程。在此进程中，如何巧妙地平衡历史与现代的交融、如何妥善兼顾公共利益与个体权益的和谐、如何达成经济效益与社会效益的双赢局面，无疑是摆在我们面前的重大课题与挑战。本书所收录的每一个项目实例，都是对上述难题的一次深刻思考与积极应对。从老城区的复兴到新区的崛起，从工业遗产的改造到绿色生态的融入，从老旧小区改造到中、小学校舍改扩建，从公园拆围开放到排洪河道生态化治理，从大马路、大广场的场所再造到小街胡同的环境提升，这些生动的实例展现了城市更新的丰富多样性与无限创新性。有的项目通过匠心独运的规划与设计，让曾经的老旧街区焕发出崭新的生命力，成为城市的文化名片与地标；有的项目则着眼于社区参与及公众利益的深度融合，通过共建共治共享的治理新模式，实现了城市治理体系的现代化转型；更有项目致力于生态修复与环境治理，为城市居民营造出更加优美宜居的生活环境。这些成功实例的背后，凝聚着政府、企业、社区等多方力量的智慧结晶与辛勤付出。它们或运用前沿科技手段赋能城市功能提升，或引入国际化设计理念塑造城市独特风貌，或深入挖掘本土文化精髓丰富城市文化底蕴。正是这些多元化的探索与实践，共同绘就了城市更新事业不断进步的壮丽画卷。

　　本书的出版，既是对过往城市更新实践的系统回顾与总结，更是对未来城市发展的展望与期待，我们诚挚地希望，通过这些鲜活生动的案例，能够激发更多人对城市更新的关注与思考，共同探索出一条符合时代脉搏与人民需求的新型城市化发展道路。

在此，我谨向所有参与本书编纂工作的专家学者，向所有为城市更新事业倾注心血、贡献智慧的人们致以最诚挚的感谢与最高的敬意。愿本书能够为更加美好、和谐、宜居的城市留下珍贵的记录。

中国工程院院士
中国建筑学会建筑改造和城市更新专业委员会顾问

目录

序一
序二

片区更新

张家口市崇礼主城区主要节点建筑立面提升改造 | 李存东、景泉等 013
广州市琶洲西区珠江啤酒厂及周边地段城市更新 | 孙一民、叶伟康等 019
嘉兴市祥符荡科创绿谷研发总部综合改造项目 | 曹殿龙、于满群等 025
长沙市圭塘河井塘段"城市双修"及河道更新治理 | 杨瑛、戴飞等 031
长沙市下碧湘街城市更新 | 潘丽沙、周涛等 037

历史街区

宜春市万载古城 | 庄惟敏、方云飞等 045
南京市南捕厅历史城区大板巷示范段保护与更新项目 | 钱锋、孙承磊等 051
宿迁新盛街文化街区的保护与延续 | 冯正功、蓝峰等 057
福清市利桥特色历史文化街区保护与更新 | 张杰、张弓等 063
福州连江魁龙坊历史街区保护与更新 | 张杰、张飓等 069
武汉市原日本领事馆旧址保护修缮利用工程 | 唐文胜、向柯宇等 075
上海市南京东路179号街坊成片保护改建 | 赵明锋、施臻等 081

工业遗产

"仓阁"——北京市首钢老工业区西十冬奥广场倒班公寓 | 李兴钢、景泉等 089
北京卫星制造厂科技园 | 张兵、张维等 095
北京六工汇 | 薄宏涛、殷建栋等 101

科创园区

北京未来设计园区（办公楼、食堂、成衣车间改造）| 胡越、郭少山等 109
北京市角门西儿童文化教育创新园区 | 赖军、魏伟等 115
长春水文化生态园 | 邓刚、张淞豪等 121
上海市上生·新所城市更新 | 宿新宝、蔡晖等 127

商业旅馆空间

南京市花间堂·朱雀里 | 韩冬青、沈旸等 ········· 135
北京市中坤广场 | 肖从真、孙建超等 ········· 141
北京国际俱乐部大厦 | 陆强、万慧茹等 ········· 147
无锡江南大悦城光电玻璃幕墙改造 | 林谊、白宝萍等 ········· 153
成都市诚友苑宾馆更新改造 | 孙静、张力等 ········· 159

文化空间

重庆市规划展览馆迁建项目 | 崔愷、景泉等 ········· 167
延安宝塔山游客中心 | 庄惟敏、唐鸿骏等 ········· 173
丹东市抗美援朝纪念馆改扩建工程 | 桂学文、杨春利等 ········· 179
北京清华大学老图书馆修缮工程 | 汤羽扬、郭红等 ········· 185
香港新闻博览馆 | 林云峰、钟逸升等 ········· 191
上海市中共中央秘书处机关旧址保护修缮 | 金艳萍、吕中婴等 ········· 197

办公空间

成渝金融法院历史建筑群更新项目 | 徐千里、余水等 ········· 205
北京市快手全球总部元中心项目 | 代理、张宇等 ········· 211
中国建研院空调楼光电建筑改造项目 | 薛明、王军等 ········· 217

体育及交通空间

太原市滨河体育中心改造扩建 | 崔愷、景泉等 ········· 225
西安铁路枢纽西安站改扩建及周边配套工程 | 赵元超、傅海生等 ········· 231
济南市舜泰运动广场微更新 | 张宇、周琦等 ········· 237

片区更新

更新后人民银行两侧平房

更新后裕兴路街景

张家口市崇礼主城区主要节点建筑立面提升改造

设计单位
中国建筑设计研究院有限公司

设计人员
主要负责人：李存东　景　泉　李静威
　　　　　　黎　靓　徐元卿　尹安刚
建　　筑：薛　强　沈蓝星　孙雨珊
　　　　　徐华宇　王　挺
景　　观：杨　磊　那翔宇　蔡晨帆
项目管理：尤　琳　王　茜

业主单位
张家口市崇礼区城市管理综合行政执法局

项目地点
河北省张家口市崇礼区

项目时间
设计：2021年3月—7月
施工：2021年6月—10月

项目规模
改造项目街道改造总长度约2.4km
改造广告牌匾493处
改造重要单体建筑17处

项目背景

崇礼作为2022年北京冬奥会的举办城市之一，为了能以更好的城市形象迎接国际友人，崇礼区在冬奥会前对主城区进行了一次整体的改造提升，包含主要街道、公建立面的改造更新。本次项目包含对于崇礼主城区底商店铺门头牌匾更新，不同类型的公共建筑立面更新改造，街道改造总长度约2.4km，改造广告牌匾493处，重要单体建筑17处。

更新后街景

片区更新　013

原状描述

本次更新改造项目涉及崇礼主城区多条主要道路，范围广泛，主要包含南北向裕兴路、长青路，东西方向相连的富民街、南新街、北新街，以及一些散布的公共建筑。除整体建筑风貌较差外，现状街道主要存在两个方面问题：一是有大量沿街底商，类型品牌繁多，要求各异，是一个众口难调的局面；二是主要街道裕兴路两侧建筑均面向街道布置，框出了一个直线空间，让整条街道更显单调，形成了近1km的两面"墙体"，又因两侧无序的商铺，双重因素叠加让街道单调且杂乱。

更新前街景

设计理念

崇礼改造更新过程中从问题入手，着眼于崇礼主城区的地域属性、历史文化以及产业交通问题，在可持续发展的基础上探求城市形象的提升更新。方案设计从崇礼自然、文化等要素中提取色彩、材质要素，注重当地特点及使用者的需求，依据改造的内容和要求充分考虑现场条件，结合测绘数据，从能落地的角度对每栋建筑单体进行了精细化提升设计。在整体和谐的基调上，保持每条街道独有的特点：裕兴路凸显现代时尚，色调体现北方城市本土气质，以赭石、咖色、土黄等为主要色调，沉稳温暖；富民街到北新街凸显老城气质，突出砖、瓦、水刷石、仿石漆等材质和色彩；长青路凸显时代气息，以崇礼宾馆色彩为基调，统一协调。

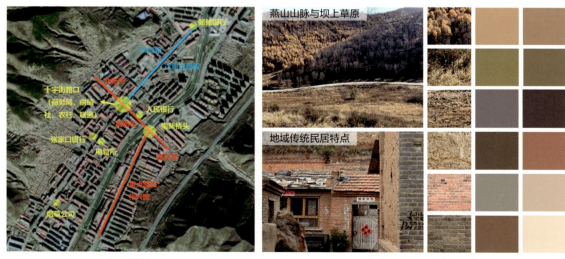

项目范围　　　　　自然、文化要素提取（部分）

更新策略

策略一：模块化设计手法

沿街店铺门头更新使用模块化设计手法，结合崇礼当地文化及城市色调设计多组店招模块，以楼为单位将模块与各楼进行组合，每栋建筑使用一至两种店铺模块样式；组合时选用与建筑主体色调相近或比主体色调更深的色调，使得街道在整体协调的基础上层次丰富。为了满足各个店铺的个性化需求，将店铺的标志、店名与店铺的模块化背板分开，对标志及店名的颜色、字体、形式根据店铺的要求单独设计，和施工单位一起与店主逐一进行沟通确认，在向市民传递改造设计理念的同时，也尽可能地满足每个店铺的要求，使得改造工作能够更快更有效地推进。

沿街商铺门头牌匾模块示分布示意图

商铺门头牌匾模块设计示意图

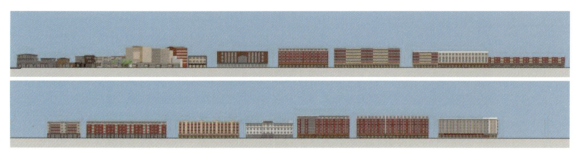

裕兴路东侧沿街立面更新示意图

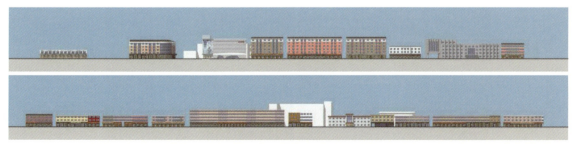

裕兴路西侧沿街立面更新示意图

片区更新

策略二：重要节点设计

为避免大规模模块化设计使街道损失原有城市特色，也在有特点的建筑及重要节点位置进行了单独设计，保持其原有建筑特点或结合功能进行相匹配的形式设计，作为街道的点睛所在。例如南新街人民银行两侧有两处单层的红砖瓦房，并未进行模块化翻新，而是在结构翻新加固后，保留其原有的红砖特色、历史记忆，形成特色节点（见后文实施效果）。

崇礼商务局立面图（改造前） 　　 崇礼商务局立面图（改造后）

策略三：更新一体化设计

将建筑、外立面装饰、景观、市政、交通多种因素整合设计，避免大拆大建，采用精细化改造手段，实现高效节约的改造目标。从街道空间整体形象出发，提升空间品质与步行体验；建筑材料、建筑构件、景观元素均进行模块化设计，各建筑单体独立计算造价，精准控制项目成本；协调各家商户与产权单位，实现街道整体风貌的美化提升。

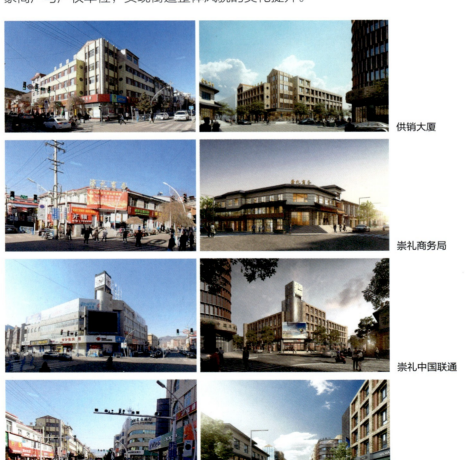

供销大厦

崇礼商务局

崇礼中国联通

北新街长青路十字路口

实施效果

沿街商铺牌匾改造前后对比

底商招牌杂乱

模块化设计，整体协调的基础上层次丰富

人民银行两侧瓦房改造前后对比

建筑质量整体较差，缺乏特色

整体质量提升，恢复红砖风貌

更新意义

作为2022年北京冬奥会主要赛场所在地之一，崇礼也迎来了新的发展机遇，该项目涉及片区不仅是集合了居住、商业、文化等多种功能于一体的复合型老城区，更囊括了崇礼主城区多条核心街道，是崇礼区在奥运赛区外的重要城市形象名片。

改造更新项目起始于2021年3月，北京冬奥会赛期临近，项目时间紧迫，考虑到甲方节约经费的要求和老城现场的种种现实困难，为了设计成果能够更好更快地落地实施，设计师团队多次开展细致深入的场地踏勘和相关设计研究工作。设计过程充分尊重当地特点及使用者的需求，打造尊重当地传统、开放包容的崇礼独特街景，希望改造更新项目能够成为建设新时代美丽幸福新崇礼的坚实基底。

更新后街景

片区更新

地区更新鸟瞰

更新地区夜景航拍

广州市琶洲西区珠江啤酒厂及周边地段城市更新

设计单位
华南理工大学

设计人员
项目负责：孙一民
项目审核：叶伟康
设计人员：孙一民 夏晟 骆乐
蔡宁 薛明琦 黄烨勍
王静 张春阳 周剑云
吕颖仪 杨雨璇

业主单位
广州市规划和自然资源局海珠区分局
广州市土地开发中心

项目地点
广东省广州市海珠区琶洲西区

项目时间
设计：2014年11月—2015年12月
建设：2015年6月—2023年12月

项目规模 41hm²

建筑面积 1175218m²

项目背景

更新地段位于广州市琶洲西区内，东至海洲路，西至猎德大道，北至珠江边，南至琶洲大街西，主要为珠江啤酒厂（简称：珠啤厂）旧址范围。珠啤厂于1985年建成投产，经收储后，该厂保留6.9hm²用地，其他作为收储用地、公共绿地、道路及总部开发用地。2000年以来城镇化进程逐渐加快，2014年电商行业迅猛发展。2014年11月，市政府常务会议审议要求"抓紧开展琶洲西区的城市设计优化工作"，在琶洲西区打造永不落幕的广交会（中国进出口商品交易会），该地段的城市更新也同步加快。

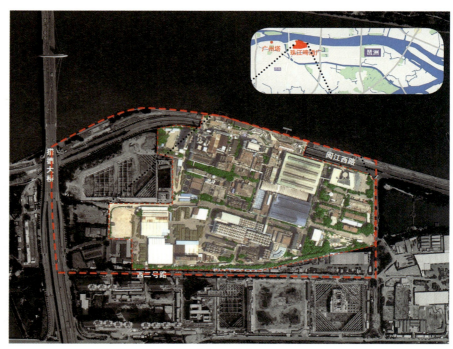

珠啤厂原址范围

片区更新 019

原状描述

根据"退二进三"计划，部分工厂已停产和置换；部分工厂建（构）筑物具有独特的工业文化特征，有一定的历史保留价值。片区内保留厂房建筑、部分已批在建的办公建筑及园艺场涌，现状工业用地较多。现状次干路、支路的用地规模较小，丁字路口、断头路多，未能形成完整合理的道路系统。场地原控规地块尺度较大、用地较粗放、土地价值偏低、自然和人文要素缺乏活力，作为城市中心区缺少生态和人文特色，城市管理的精细化品质有待提升。

珠啤厂原厂区鸟瞰及发酵罐基座现状

设计理念

片区结合"紧凑、集约、高效、复合"的城市发展理念，打造有文化底蕴、有岭南特色、有开放魅力的总部商贸区。保留利用场地内的人文、自然要素，加强场所与景观营造，塑造场所活力。优化绿地布局，解决原控规对珠啤厂工业遗存保留不足的问题，要点前置，将珠啤工业遗产与其他功能进行结合，既保留特色，又节省不必要的拆迁费用，形成具有岭南特色的新城市中心区。

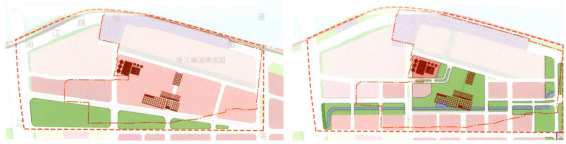

原土地利用控规：工业遗产无法保留　　优化后土地利用，统筹绿地，保留遗产

优化后街区剖面

珠啤厂拆改留建构筑物　　优化后珠啤厂及周边地段鸟瞰效果图

更新策略

策略一：基于城市设计优化绿地空间，成规模保留特色工业建构筑物

通过对片区内工业遗产历史价值的研判，统筹公园绿地及现状河涌，保留场地内特色工业建（构）筑物。叠合 120m×80m 网格细分路网，梳理路网与工业建（构）筑物、景观、公共空间关系，生成城市设计路网。结合河涌、道路、工业遗产特色，形成带状绿地、特色主街、通往江边的公共开放空间。细化建筑体块围合方式，细化开放空间的节点及建筑骑楼、连廊等围合要素。

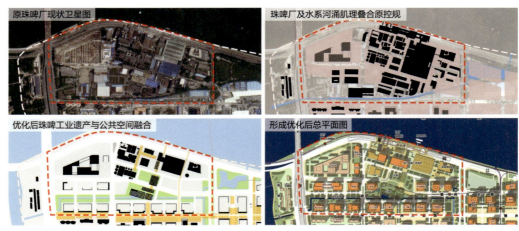

城市设计优化公共绿地分布，容纳原本拟拆除的工业遗产

策略二：珠啤厂地块内工业遗产的保留及活化利用

对珠啤厂改造保留的工业建（构）筑物，通过功能置换、建筑改造等方式进行活化利用。采用分期开发的方式，持续更新建筑功能及风貌，形成含办公、文化展示、商业、微型生产体验等多功能特色区。

珠啤厂红线范围内活化利用

片区更新

策略三：珠啤厂地块周边，结合文化、自然、工业要素，加强场所及景观营造

将原控规拟拆除的工业文化线索和建（构）筑物进行保留，以园艺场涌及公园景观的自然生态要素为基础，结合周边文化建筑及设施，提升周围环境的文化艺术、创意办公、休闲商业的氛围。

| 公园及周边建筑整体规划 | 公园与周边建筑的关系 | 工业遗产作为文化建筑的首层公共空间 |

策略四：更新片区形成立体慢行系统，打造多元景观节点及视廊，导控公共利益落地

加入二层连廊系统，加强各地块间、地块与公园间的联系，形成立体慢行系统，将自然与人文延续至片区内。考虑视线及行为引导，利用地标建筑控制场地，结合连廊及不同标高的开放平台塑造特色观赏视点，增加更多与广州塔的视线联系和互动。

"总师制度"作为综合协调平台，在项目设计及落实过程中监管并保障公共利益。

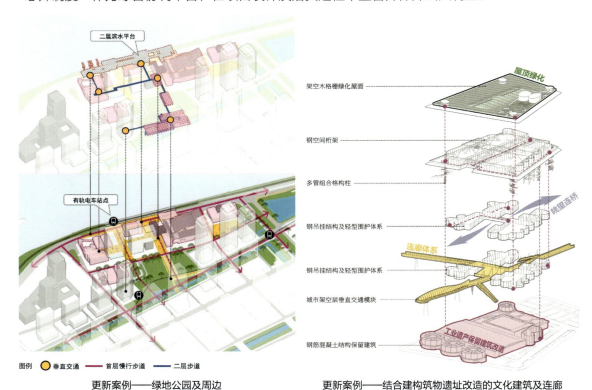

更新案例——绿地公园及周边　　　　更新案例——结合建构筑物遗址改造的文化建筑及连廊

实施效果

从原工业用地及建筑,逐渐转变为公众可达的、充满活力的文化遗址特色区。

琶醒活力创新场所

珠啤厂总部大楼及汽锅间活力场所

珠啤厂包装车间空间营造

珠啤厂汽锅间空间营造

片区路网及绿地调整后,大量工业遗产建(构)筑物得以留存,并分布于主要的公共开敞空间当中,与公共空间相得益彰,形成更能服务于整个片区的高品质公共开放空间。

优化后,绿地公园位置更居中,与珠啤厂结合更紧密

优化后,园艺场涌及工业遗产均可保留,公共服务设施增多

琶洲西区城市更新区域指标对比

对比项	路网密度 /km/km^{-2}	建设地块数量 /个	计容建筑面积 /m^2	公共绿地及水域面积 /m^2	骑楼面积 /m^2	连廊长度 /m
优化前	10.49	6	1055850	51018	无	无
优化后	15.54	18	1175218	82922	4833.5	321

更新意义

基于法定化的城市设计优化和地块导则,原具有历史保留价值的珠啤特色工业构筑物被保留下来,它们不仅在结构上是良好的承载基础,也为这片区域保留了独有的印记。

基于首创的《地区城市总设计师制度》,会同政府部门,统筹协同地段内的各地块及设计团队[①],强化地段的整体公共利益和环境效益。

1. 对于琶洲西区而言,保留了历史文化元素,丰富了城市空间体验,延续了文化特色。
2. 对于城市而言,这里是最接近城市新中轴线的工业遗产地段之一,片区更新增强了中轴线及其周边地段的活力、多样性、历史文化的传承和再利用。
3. 从城市设计技术上,通过绿地腾挪,将场地内的工业建(构)筑物保留了下来,并为城市提供绿地空间。
4. 从使用者体验来讲,这种既有成规模的绿地公园,又融合了城市发展的工业遗产要素的公共开放空间,对于年轻化的互联网专业人士具有很强的吸引力。他们既需要有开敞空间,又需要有文化积淀。从将空置的工业建(构)筑物转变为充满活力的商务商业文化区,到将历史建筑适应性地重新用于现代功能,将吸引更多的产业及游客,并刺激周边片区的经济发展。

城市更新方案模型

城市更新后珠啤厂滨江活力场所

城市更新后滨水活力场所

---

① 更新地区包括但不限于以下建筑作品:琶洲方所大厦 / 中国建筑设计研究院有限公司作品,珠江啤酒包装车间 / 中国建筑设计研究院有限公司作品,珠江啤酒汽机间 / 广州竖梁社建筑设计有限公司作品,AH040109 地块文化地块改造工程 / 中国建筑设计研究院有限公司作品。

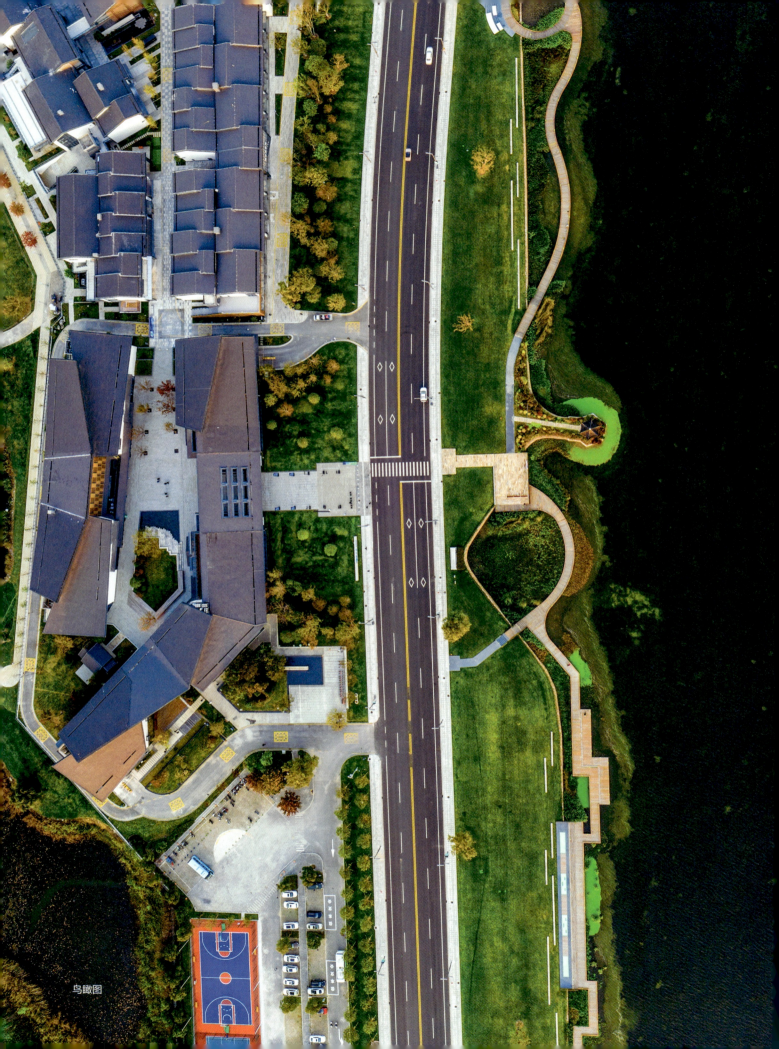
鸟瞰图

嘉兴市祥符荡科创绿谷研发总部综合改造项目

设计单位
中国建筑科学研究院有限公司
中建研科技股份有限公司

设计人员
项目负责：曹殿龙
设计负责：于满群
项目经理：张 光
建 筑：李晓光
室 内：徐 阳　李紫鹏　王春艳
　　　　李 琳　常 婷　蔡明秀
　　　　牛天胜荣　张 莹　李 晶
景 观：解新鹏　李思栋
软装物料：金于娜　时海明　张新霞
机 电：孙 宇　王艳乔　李 铎
　　　　朱宝利　张绍越
弱 电：王 龙　田 普
结 构：白雪霜　宋光瑞　刘 荷
照 明：沈祉晗　刘 影
标 识：北京对轩艺术设计有限公司
厨 房：北京赛伊行餐饮企业管理顾问有限公司

建设单位
嘉善祥科开发建设有限公司

项目地点
浙江省嘉兴市嘉善县

项目时间
设计：2022 年 1 月
建成：2022 年 11 月

项目规模 5.08hm²

建筑面积 65616.61m²

项目背景

全球化时代背景下，国际竞争的本质是高质量区域城市群的竞争。长三角地区是我国为了更好地应对国际竞争，构建区域协调发展新格局，推动我国区域发展向更加均衡、更高层次迈进，打造全新增长极的三大城市群之一。

长三角地区一体化发展三年行动计划（2024—2026 年）期间，为了落实《长三角生态绿色一体化发展示范区总体方案》中对嘉善提出的"生态绿色、'双碳'目标、一体化、科技创新、共同富裕"的示范方向，嘉善县拟创建"祥符荡科创绿谷"，并形成面向长三角和全国的示范引领作用。

"祥符荡科创绿谷"定位——"梦里水乡、祥符科创"：以西塘作为水乡文脉的原点，构建由十里港、祥符荡水路串联的传统水乡、现代水乡、未来水乡，打造"梦里水乡"的理想人居空间。

祥符荡场地周边景色

片区更新

原状描述

祥符荡科创绿谷研发总部办公综合改造项目，总建筑面积为 65616.61m²，其中地上面积 40054.61m²，地下面积 21611.21m²，共计 19 栋楼，总投资约 2.8 亿元。原为商业综合园区。

园区原始状态

园区规划平面图

设计理念

基地周边水资源丰富，具有浓厚的江南水乡特色。原园区规划及建筑设计充分尊重这一特色，基础土建工程已完工 90%。本次改造提出"科技与山水共一色"的设计理念，以"创智水乡"为园区功能形象：在空间形态上尊重和传承建筑遗产；在文化形态上提升绿谷科创园区的影响力，构建水乡旁的科创文化圈；在运营上致力于打造世界级科创湖区。

园区鸟瞰

更新策略

策略一：园区织补

园区以"织补"为主，保持原有水乡特色基底，补充导视标识、丰富绿植、平整道路、补齐设施、营造夜景照明。适应未来使用功能对园区的实际需求，增强水乡生态氛围。

园区次入口1

园区次入口2

园区会议中心夜景

园区小品夜景

1号楼南侧夜景

策略二：建筑修补

建筑延续原有形态，尊重场地记忆，对建筑外立面存在的破损等功能性问题进行维修。通过局部门头等设计，表达空间新的内容。

园区主入口

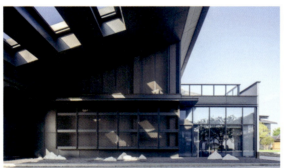

园区入口立面

5号楼实验室入口

策略三：室内再造

室内空间根据园区规划和各单位的实际需求进行更新。高效现代的空间适应科创的工作内容；丰富的生活配套空间具有水乡特色，充分利用优美的自然环境，简化设计元素，营造闲适的水乡之居。

共享中心大堂

路演厅

休闲区

办公区

实施效果

园区规划在满足科创研发的办公基础上节省土地资源，将各个单位共性的办公及生活配套功能在园区内集中解决。园区规划有独立会议展示、接待中心楼栋，集中提供发布、会议、展示、接待等功能。在生活方面，园区集聚食堂、品牌餐饮、书吧、医务室、健身房、篮球场、咖啡厅、24小时便利店、理发室等综合配套。设置人才驿站，提供70间以上多种房型，建设生产、生活、生态与宜居、宜业、宜研融合发展新高地。

客房

健身房

书吧

员工餐厅

更新意义

祥符荡科创绿谷研发总部办公综合改造项目是区域落实国家战略的主要功能定位之一，由嘉善县联合长三角地区院校合作共建，是示范区重大科创及产业转化平台。通过全过程、精细化把控规划、设计和实施，将原有商业项目改造成为集聚浙江大学、复旦大学、浙江清华长三角研究院等长三角地区高端科研资源，汇聚一批院士领衔的国内外顶尖研发团队的示范区科创高地。形成祥符荡沿线的新江南画卷，用最美的风景承载最强的"大脑"。

园区次入口庭院

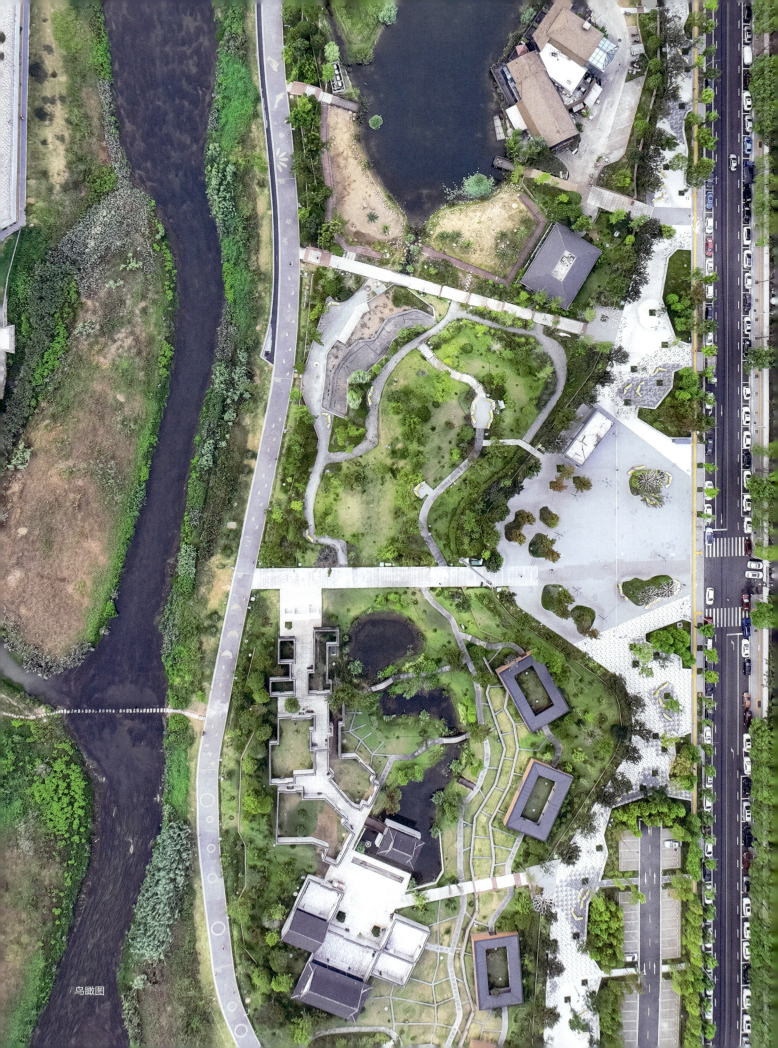
鸟瞰图

长沙市圭塘河井塘段"城市双修"及河道更新治理

设计管理
设计指导：杨 瑛　戴 飞
建　　筑：袁晨炜　龙者师　罗 涛
结　　构：刘树之　黄 晴
电　　气：陈 笑

业主单位
中国建筑第五工程局有限公司

项目地点
湖南省长沙市雨花区

项目时间
施工：2018年10月—2021年6月
开业：2021年7月

项目规模　占地面积约33hm²

建筑面积　49920.55m²（地上）
　　　　　　　56656.42m²（地下）

项目背景

为解决长沙市雨花区圭塘河生态环境污染、休闲文化单调等问题，本项目集河道整治、水处理系统、海绵城市建设、生态景观、生态产业五大工程于一体，在圭塘河井塘段进行生态织补、景观重塑、景点打造、活力激发，增建生态示范、运动休闲、文化艺术、生活体验四大区域，致力打造湖南首个"公园+体育+商业"融合的标杆项目、长沙首个"4.0版海绵城市示范公园"，树立城市污水河道更新治理典范。

圭塘河井塘段现状实景

片区更新

原状描述

圭塘河位于长沙市东南部，是长沙市中心城区最长的城市内河。圭塘河多次被裁弯取直，河道变成了三面光的狭窄硬化渠道，生态自净能力较差，高硬化率和雨水调蓄空间的丧失也使得城市内涝频发；生活污水、工业废水、禽畜粪便等直排入河，圭塘河水质受到严重污染，水质处于劣Ⅴ类，水体黑臭、生态退化、景观破碎等问题凸显，是市民避之不及的"臭水沟"，2017年被环境保护部（现生态环境部）、住房和城乡建设部联合挂牌督办。

圭塘河历史情况

设计理念

设计方案以"重塑长沙生命之河"和"打造圭塘河海绵流域经济带"为两大设计理念，以城市更新产业化思维引领流域治理，解决机制、水质、水量、水系、景观、海绵城市、防涝防洪等流域七大问题，打造生态、文化、产业融合发展的城市内河滨水示范，探索内河生态价值转化新路径。

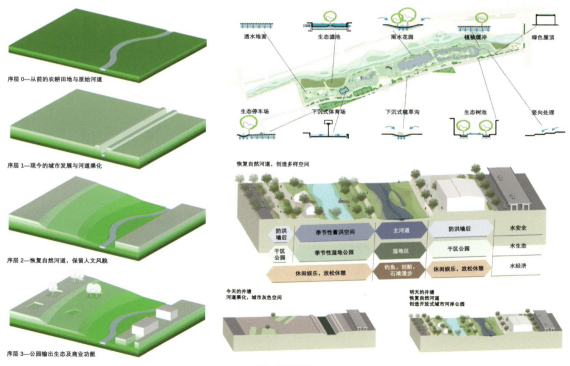

场地设计理念

更新策略

策略一：生态修复

恢复自然河道，对 11 个直排圭塘河井塘段的排污口进行截污，对笔直硬质的河道进行改造，使河流恢复自然蜿蜒的河道形态，同步建设 10 个生态岛及沉淀区、浅水湿地等，增加河道的自净能力和行洪能力。建设大小海绵调蓄设施，使小雨不积水、大雨无内涝，从而实现对圭塘河井塘段的生态修复。

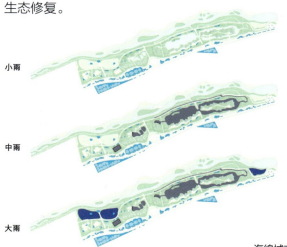

井塘西南区下垫面统计

编号	硬化类型	径流系数	面积 /m²	有效径流面积 /m²
1	硬质地面	0.9	43309	38978
	道路	0.9	16493	14844
	硬质铺装、广场	0.9	26816	24134
2	建筑屋顶	0.9	4533	4080
3	水面	1	18580	18580
4	透水铺装	0.4	2475	990
5	绿化	0.15	38068	5710
6	雨水花园	0	13309	0
7	生态滤池	0	1917	0
8	沙地	0	2322	0
9	综合径流系数	0.59	149244	88737

径流污染控制率

指标	现状	海绵城市后	控制率
西南区年径流	48703/m³·a⁻¹	4010/m³·a⁻¹	91.77%
西南 TSS 污染年径流控制	3843/kg·a⁻¹	680/kg·a⁻¹	82.31%

海绵城市设计

策略二：需求探索

以市民需求为导向，进行前瞻设计、特色引流，深度挖掘城市绿地公园的服务属性。圭塘河井塘段两岸差异化建设运营，推进市民集生态、人文、艺术、运动、商业于一体的多元化体验，推动文化旅游、先进制造、数据信息等绿色生态产业不断集聚，实现国有和社会资本双赢，持续拓展市民福祉。

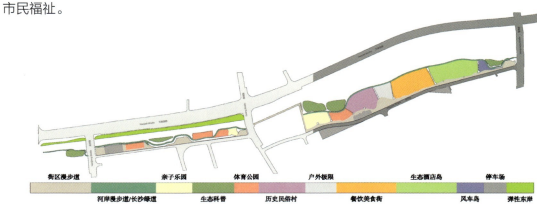

分区详细设计

建成效果

策略三：亮点打造

基于区位优势及市民需求，建设古韵古香"三塘一井"、儿童欢乐谷、爱心桥、互动风车、夜光跑道等打卡亮点，提升沿岸居民生活品质。

三塘一井

爱心桥

策略四：模式创新

在更新模式上谋求创新，将圭塘河井塘段更新改造与商业产业提升相结合，流量涌入、激活商业、孕育产业、反哺生态将形成闭环。以"长沙首席城市公园综合体"作为项目差异化竞争定位，打造区域性城市休闲公园下的社区型配套产业和商业业态，树立项目"公园＋体育＋商业"融合新标杆，带来城市治理新升级。

商业入口

休闲步道

休闲步道

商业室外

实施效果

改造后两岸四季景观变化　　举办的露营节活动

举办的星空夜营活动　　西岸复刻还原荷兰羊角村别致风情

更新意义

圭塘河井塘段"城市双修"及海绵城市建设示范公园项目将圭塘河香樟路以北区域500亩地（约合33.3hm²），整体进行了更新改造，解决了圭塘河河流生态破碎的根本问题，重现内河生命力，水质由治理前的劣Ⅴ类提升至Ⅲ类，自然岸线率从2014年的6%提升至2022年的85%，每年减少政府投入污水处理500余万元、公园维护300余万元，探索"建—融—管—还"的更新模式，由"花钱治水"转向"治水生钱"，改变了单纯依赖政府投资的被动局面，实现生态经济双提升。雨花区以圭塘河水系为纽带，串联起两岸体育、文化、休闲场所和设施，其中文化特色类商户134家，2022年实现营业额5.6亿元。

项目用生态休闲公园和商业综合体的架构，为圭塘河区域提供了一个城市内部污水河道更新改造及村集体用地综合治理的典范，践行绿水青山就是金山银山的发展理念，城市管理与生态修复并举，民生福祉与山水湖草共融，形成生态、文化、旅游融合发展的城市内河经济带，走出一条由生态治理转变为生态资源、生态资产可持续发展的新路子，为类似城市更新治理类项目提供借鉴。

爱心桥附近夜景　　风车岛附近夜景

鸟瞰图

长沙市下碧湘街城市更新

设计单位
中建五局装饰幕墙有限公司

设计人员
方　案：潘丽沙　周涛
深　化：刘丹　李卡波　周奕
电　气：刘勃荣

业主单位
长沙城市更新投资建设运营有限公司

项目地点
湖南省长沙市天心区

项目时间
设计：2022年1月—2022年6月
施工：2022年3月—2023年6月

项目规模 32栋建筑

建筑面积 96000m²

项目背景

下碧湘街城市更新单元（旧城改建）项目楚湘社区改造设计施工总承包工程由中建五局装饰幕墙有限公司承接，是我公司首个EPC城市更新项目，也是长沙市首批启动的8个城市更新单元之一。项目位于岳麓山东，湘江之滨，地处长沙市古城风貌核心保护区，毗邻长沙五一广场核心商圈。项目合同额6600万元，建筑面积大约为9.6万m²，涉及楼栋32栋，改造户数约1500户，从基础类、完善类、提升类三方面进行改造。

项目以"智慧管理、城更示范、精美宜居"十二个字为管理目标，坚定不移贯彻新发展理念，按照"四精五有"建设标准，与长沙市政府共同深入推进城市更新高质量发展，建设"精美长沙"。

下碧湘街更新前鸟瞰现场

原状描述

社区现状问题主要如下：社区内不同单位独立院墙，自行管理产权用地及公共用地，社区无法统一管理；建筑形态各异，外护窗尺寸不一，外墙老化剥落严重，"油鼻涕"问题显著；建筑间距小，道路狭窄（部分路幅仅 2.4m），同时地下空间已密布燃气、给水、污水等管道，新增地下管网系统无空间；强弱电线混搭交织于半空中形成随处可见的"蜘蛛网"，居民利用飞线晾晒衣物，安全隐患较大；便民设施部分，社区内乱贴广告、缺乏休憩健身空间及设施、垃圾无分类、垃圾站脏乱、消防设施缺失、公厕破损老化且无残疾人配套设施；首层、屋面违建较多，且存在"空中楼阁"均难以拆除的现象，影响整体形象。

下碧湘街施工前原状现场

设计理念

项目将实行"两拆"（拆除违章、拆除围墙），按照"五化"改造，即硬化、净化、美化、文化、便利化。老旧小区改造，既要"面子"好看，也要"里子"实在。楚湘社区改造坚持从基础设施补齐、功能环境整治、适老化社区打造三大方面入手，以"绣花功夫"重点解决了老旧小区基础配套设施不完善、环境"脏乱差"等居民难点、痛点、盼点问题。

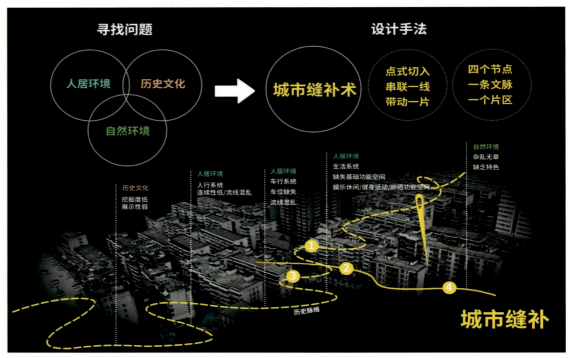

场地设计逻辑

更新策略

策略一：智慧建造，科技赋能

项目在实施过程中充分贯彻"四个建造"的理念，探索出空中、立面、地面、地下空间三维立体改造新模式。

   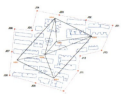

空中慧眼——
无人机开启上帝视角

立面慧心——
三维扫描赋能建筑体检

地下慧芯——
管勘机器人通经活络

地面慧云——
智慧工地

以长沙市绝对坐标为原点，依托无人机替代人工地面打点测绘，应用五目相机倾斜摄影，获取房地一体正射影像，构建三维实景模型，同步绘制快速成图，项目28天完成施工图1500余张，提高工效75%，缩短总工时30%。

使用三维激光扫描仪采集建筑立面点云数据，通过CAD进行逆向绘制，项目4天完成内楼道实测4.7万 m^2，5天完成外立面实测9.2万 m^2，15天将32栋改造楼栋的门窗、空调机位、楼栋女儿墙以及内楼道结构出图成册。

采用"管勘机器人"，给社区地下市政管网"做胃镜"，追踪漏报、瞒报、错报原始管道，并提供改造方案，项目10天完成管勘900余m，雨季紧急清淤450余m，提前完成所有管道预埋回填。

引入"BIM+智慧工地"决策系统，量化人员定位考勤与机械轨迹管理，定点巡视危险源预警，实现工效数据可视化分析，实现线上三维技术交底、线下实况记录反馈。

策略二：以人文本，品质提升

针对老旧小区建筑尺寸不同的问题，设计因地制宜，例如三种窗系统，三种雨棚材质尺寸；针对小区无绿化问题，利用拆除违建的闲置用地，以新中式园林手法重新打造，从楚湘之悦着手社区形象蜕变，从楚湘之情提高居民品质生活，从楚湘之源传承楚湘文化，从楚湘之慧开启新社区智慧运营，并通过历史步道串联形成社区的人文风景线；考虑老旧小区老年人居多，增加无障碍设施及通道、休闲座椅、健身器械、减少楼梯门槛等。

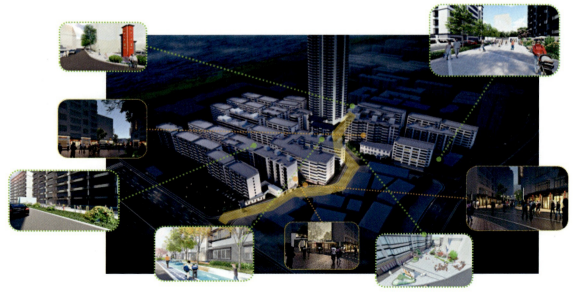

口袋公园及历史步道

策略三：与民共建，有的放矢

对每个违章建筑的拆除，建筑恢复的前院及后院或阳台做针对性的设计，并对每一栋的具体情况做分析；线上设计方案15天公示，线下材料样品展示，设计师面对面接待居民上门提疑100余次；通过增加居民参与度，提升民企信任度，实现真正意义上的与民共建。

A9栋前院设计　　　　　　　　　　A2栋前院设计

A8栋前院设计　　　　　　　　　　D5栋前院设计

D6栋前院设计　　　　　　　　　　A7栋前院设计

线下设计方案交流　　　　　　　　面对面接待居民提疑

实施效果

改造前后对比

改造前

改造后

更新意义

本项目作为主城区老旧小区改造重点项目，对标上海、深圳、杭州等城市，按照"四精五有"标准，找准差距和短板精准施策，建设精美街道、精美社区，实现人民向往的美好人居。本项目新增主要道路夜间照明122处，更换楼道灯736套，小区新增监控设备96套，门禁监控设备83套，充电式非机动车停车棚9套，无障碍设施设备，老年人活动广场增加健身器材30套，增加智慧社区管理系统，保障居民生命财产安全。坚持以更新单元为单位，以城市体检为基础，以"多改合一"为手法，以老旧小区改造为突破口，以点带线、以线带面，整合资源，探索创新，全面统筹推进城市更新，实现城市功能再完善、产业布局再优化、人居环境再提升，打造人居环境典范城市。

更新后历史步道商铺效果图

更新后历史步道街角花园效果图

历史街区

鸟瞰图

宜春市万载古城

设计单位
清华大学建筑设计研究院有限公司

设计人员
主持建筑师：庄惟敏　方云飞
创作团队：庄惟敏　方云飞　梁增贤
　　　　　冯　晨　李　平　陈　青
　　　　　李　楠　陈小可　马水静
　　　　　周　听
建　　筑：张　葵　张　伟　路　玥
　　　　　蔡郑强　吴　雪　张怀萍
　　　　　赵　丹　刘永彬　李　璞
　　　　　王子林
结　　构：李滨飞　沈敏霞　马宝民
　　　　　李晋春　王春伟　王彩铃
　　　　　祝乐琪　郭风建　曹文涛
　　　　　孟少宾
给水排水：徐京晖　刘　程　赵慧天
　　　　　陈　威　程炳玉　陈志杰
暖　　通：陈矣人　王一维　华　君
　　　　　周　溯　史江新
电　　气：武　毅　刘力红　刘素娜
　　　　　金　翔　李　劲　谢　庚
　　　　　孙　丹　柳熙雨

项目地点
江西省宜春市

项目时间
设计：2013—2015 年
竣工：2019 年

用地面积 15.69hm²

建筑面积 135135.32m²

项目背景

万载县地处赣西北边陲，锦江上游，峰顶山以北，东邻上高县、宜丰县，南接宜春市袁州区，西连湖南省的浏阳市，北毗铜鼓县。处于长株潭城市群、环鄱阳湖城市群、武汉城市群这三大城市群围合之中，拥有绝佳的区位优势。

万载县现有汉族和壮族、满族、瑶族、回族、苗族、蒙古族、藏族、维吾尔族、彝族、侗族、土家族、哈尼族、畲族 13 个少数民族。截至 2018 年末，全县总人口为 577327 人，其中城镇人口 209958 人，占 36.37%；乡村人口 367369 人，占 63.63%。

项目鸟瞰

历史街区　　045

| 设计理念 | 项目从古老的以"宗"为核心逐级外扩的意识形态中得到灵感，指导聚落中新旧空间重构，解决现实中遇到的重重困境。创造出具有地方特色，推广性强的古镇更新模式。

延续控规中提出的"统筹发展、环境优先、个性塑造、有机更新、弹性规划"的理念，规划首先保护古城核心区的历史遗存和传统肌理，其次围绕核心区对周边用地进行有机更新，适当增加商业、娱乐、商住、旅游服务等功能。通过保护和更新使万载古城成为城市区域内的历史文化和旅游中心，成为万载城市历史底蕴和文化旅游展示的新高点，造出具有地方特色，生机勃勃且推广性强的古镇更新模式。

 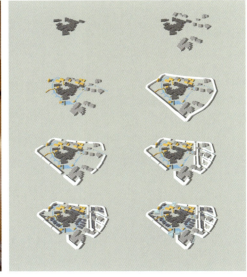

商业区夜景　　　　　　　　　　　空间构成

哲学意向——家合宗法

在华人社会中，生活可视为一连串的同心圆，最中央的圆是自己的家庭，然后是亲戚、家族、朋友，接着是社交、文化或学术圈、运动、休闲等。保存完好且独具特色的放射祠堂群即为核心区的精神内核，空间规划形态解读哲学意向，空间层次暗合亲近疏离。以家为核心向外逐步发散的形态，以空间形态意会比附，形成由祠心、祠围、内溪、中间功能区域及商业功能墙界直至龙河的环状向外发散，同时形成由古及今、由静及动、由家庭及社会的空间意向，体现中华民族自古传承的信仰及社会秩序。

项目鸟瞰效果图　　　　　　　　　古今融合

空间意向——意古融今

以层层展开的空间手法布局万载古城，完成设计。

意古：由"精神核心"——祠堂中心群、"生活载体"——民居片段的修复发源，逐步展开"事件场景"——修复公共建筑、水体及构筑物，"防御工事"——城墙边界的空间拟合。

融今："打破—与城市空间交融""对话—与核心空间呼应""填充—与内部空间调和""激活—与外围空间碰撞"一系列空间塑造手法，实现古祠与现代城市生活的融合与创新。

古今融合

建筑设计

整个区域以低层建筑为主，仅在中心地标处规划有视觉中心的制高点。外围商业建筑轮廓，通过整体性的连续屋顶设计，通过历史城墙的形式引入现代生活方式，通过打破、对话、填充、激活等多种形式，创建了新的城市建筑整体轮廓。

基于城市针灸式的更新改造

万载古城地区历史绵长，至今明清时期的祠堂古屋建筑仍保存众多，结构完好，静默叙说尘封百年的故事。这不仅是宝贵的古迹遗存，同时也是此地亘古长存的精神空间，唯有回归与传承、保护与发扬，存留其原汁原味的风土，不加后世过度的雕琢，方可展现其穿越历史的风华。

保留古迹遗存

室内家具部分采用了厨房卫浴模块、收纳模块、睡眠模块，并充分利用室内空间高度，采用夹层模块，装配式墙板、吊顶将装饰面层、管线和建筑主体进行三分离。以上装配式产品和家具模块均在工厂生产、现场组装，大大减少了湿作业工程量，提高了施工速度，充分发挥了低碳、环保的综合效益。

古与今，各取所长，彼此尊重，而不是单纯的拷贝与附和。对历史的解读，对生活的发展，万载古城给出自己的答案。

建筑设计突出赣派建筑文化特色，满足可持续发展的适应性建筑，创建建筑的可识别性，建筑由于在单体、材料等方面的一体化设计形成了鲜明的建筑特色和独特的城市景观。保留原有古祠堂的赣西民居风格，在此基础上大胆创新实验性新中式民居。从建筑的体量、形式、布局和材料的表现手法入手，呈现意古融今的最大和谐度与独创性，创造出具有地方特色、推广性强的古镇更新模式。

古新融合

技术创新 通过对万载古城环境的考察，得出与之适应的低技术生态策略，根据生态策略设计项目模型进行再模拟，得到理想的结果，并进一步对细节进行改良。从而指导规划设计。通过区域技术导入水系，引导巷道风；通过单体技术营造冷巷。

对当地的风土墙构造和保温效果进行研究，结合新的技术和构造方式对其进行改进：墙体之间加入轻型保温材料增强其保温性能；对砖进行打孔减轻重量同时提升通风性能。新建部分墙体砌筑采用新型白砖，砌筑方式沿用核心区保留建筑的空斗砖墙砌法。

墙体细节

实施效果 项目试图提出具有推广性的解决方案：保护与发展相结合。基于地域特色重构文脉，改善环境质量，推进区域可持续发展与有机更新。公众全程参与，保证决策透明公平。尽可能多地保留原住居民，更有利于营造类似于传统社会的归属感。所有建设被涉及的家庭都将得到补偿：或由政府补贴搬至不远处舒适的回迁房居住，或仍居住在经过修缮的古屋里，享受优先工作机会。

地域特色

古城夜景

良好的新居环境

历史街区

内部街巷实景

南京市南捕厅历史城区大板巷示范段保护与更新项目

设计单位
东南大学建筑设计研究院有限公司

设计人员
项目负责人：钱　锋
建　　筑：孙承磊　孙铭泽　殷伟韬
　　　　　盛　吉　钱汇一
结　　构：梁沙河　王　凯　陈振龙
　　　　　廖　振
给水排水：李斯源　赵　元
暖　　通：龚德建
电　　气：李　响　沈梦云　罗振宁
　　　　　钱　锋

业主单位
南京城建历史文化街区开发有限责任公司

项目地点
江苏省南京市秦淮区

项目时间
设计：2015年7月—2017年5月
竣工：2019年6月

用地面积 1.09hm²

建筑面积 18122m²

项目背景

南捕厅历史城区位于南京市中心区，南北向城市主轴线西侧。大板巷示范段位于历史城区核心部位，用地东侧毗邻全国重点文物保护单位——甘熙宅第。用地内各个时期的建筑复杂多样，保留有8处不可移动文物、4处推荐保留的历史建筑，以及若干风貌不协调的现当代建筑和一般风貌的危旧民居。

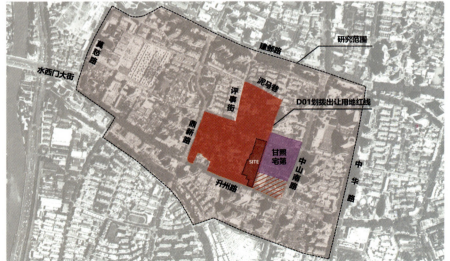

项目区位图

原状描述

地块原状存在诸多问题：房屋多已危旧，破损严重，部分建筑在使用过程中对原有空间格局及立面有较大破坏；街区开放空间较少且缺乏管理，环境脏乱，空间品质低；道路可达性差，缺乏停车设施；无完善的市政系统等。

街区更新前原貌图

设计理念

项目组以历史研究及现状调研为基础，拟定了四大设计理念，具体如下。

1. 整体保护、因房施策。
2. 能保则保，应保尽保。
3. 改善人居环境，完善配套设施。
4. 活化利用、公众参与。

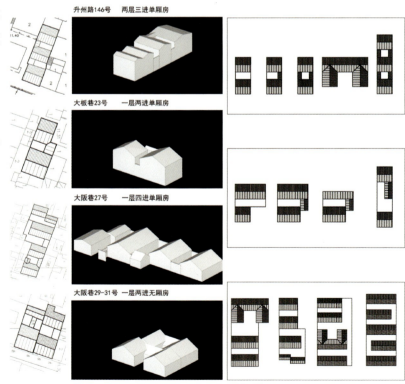

街区传统空间模式提取图

更新策略

策略一：整体保护、因房施策

经过对街区历史信息、用地性质、风貌现状、建筑年代、建筑质量等多方面进行调研分析，将现状建筑分类，制定差异化的更新设计手段，具体如下。

1. 不可移动文物，修缮处理。
2. 推荐保留的历史建筑，修缮处理。
3. 风貌不协调的现当代建筑，进行整治。
4. 一般危旧风貌的民居进行改建。

图例
- 不可移动文物／历史建筑
- 一般风貌危旧民居
- 风貌不协调的现当代建筑

总平面图

策略二：能保则保，应保尽保

1. 保持街区传统街巷肌理和尺度。
2. 保持街区特色风貌，修缮文物建筑及历史建筑；整治风貌不协调的近现代多层建筑；改建一般风貌的危旧民居，严格按照南京市近代民居的尺度和典型式样进行改造。
3. 保留历史信息：通过调研及分析，研究归纳建筑样式、符号、铺地材料等，在建筑设计中加以灵活运用。
4. 保留传统生活方式：对街区内传统民俗、传统技艺进行保留及传承。

2-7栋不可移动文物修缮后人视图

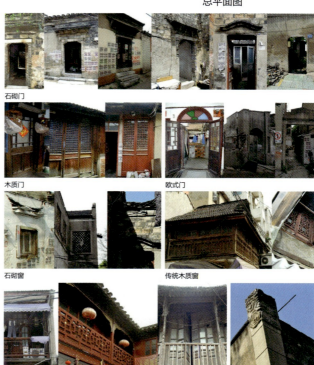

传统建筑建造技艺归纳整理图

历史街区　053

策略三：改善人居环境，完善配套设施

1. 从街区层面着手，改善街区交通环境。

2. 管线综合设计。

3. 完善街巷景观及标志系统设计。

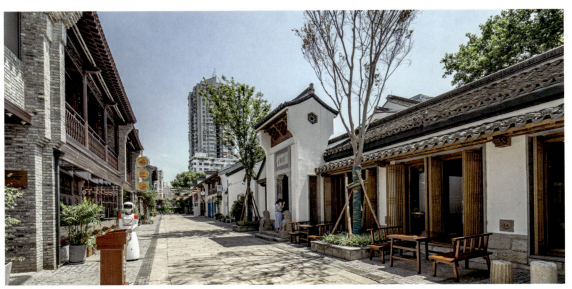

大板巷街景人视图

策略四：活化利用、公众参与

以南京传统老字号为基础，布局有文化属性的特色业态，吸引南京传统手工艺人、非遗传承人入驻，传承传统文化。

笪桥灯市

传统汉服节

《南都繁会图》投影墙

庭院电影节

实施效果

大板巷街景人视图（更新后）

现当代建筑整治后人视图（更新后）

3-5栋历史建筑北侧街景图（更新后）

3-5栋历史建筑内院图（更新后）

大板巷南广场（更新后）

内部庭院人视图（更新后）

更新意义

项目组从南京市老城南的地域文化背景研究及现状调研出发，设计过程中需考虑各方的诉求，并对方案进行不断的论证、修改和优化。最终设计成果延续了街区的传统肌理和生活氛围，保护修缮了传统建筑，并使之有机融入现代生活中，探索出了一条让传统复兴与现代演绎同步发生的新路径。

项目建成开放后，吸引了大量本地居民及外地游客前来参观体验，逐渐成为南京著名的时尚打卡地及城南地区特色名片之一。

大板巷入口牌坊及广场

大板巷南向街景图

历史街区　055

更新后的街区肌理

传统文脉中的多元空间

宿迁新盛街文化街区的保护与延续

设计单位
中衡设计集团股份有限公司

设计人员
总设计师： 冯正功
建　　筑： 蓝　峰　王志洪　陈　徽
　　　　　　谈昭夷　金程佩　那明祺
　　　　　　陈全慧
结　　构： 朱小寒　王　喆　张　野
给水排水： 殷吉彦　周云超　贡思淇
　　　　　　陈绍军　任　立
暖　　通： 何光莹　高　尚　戴　坤
　　　　　　张　枭
电　　气： 杨　鸯　王志斌　沈宇强
　　　　　　姚　伟　杨　跃
景　　观： 胡　砚　周耀星
项目管理： 黄　磊　史晋铭　张　峰

业主单位
宿迁新盛街文化旅游发展有限公司

项目地点
江苏省宿迁市

项目时间
设计： 2020年12月—2021年4月
施工： 2021年5月—2023年5月
开业： 2023年10月

项目规模 6.33hm²

建筑面积 72246.15m²

项目背景

宿迁新盛街文化街区是宿迁保留的少数成片历史风貌区之一，但整体呈现破败的景象，无法满足当代城市发展中的民生需求及在地文化保护要求。本项目旨在探索延续宿迁独特的城市文脉、建筑文化与人文生活的有效方式，并通过与建筑空间的有机融合，唤醒城市记忆、叙述街区故事、重新建构起人对城市生活和历史生活的归属感，让古街焕发新韵。

古街新韵

历史街区　057

原状描述

新盛街始建于明神宗万历五年（1577年），迄今历史已逾400年，街区地处宿迁市宿城区核心区域位置。街区内建筑多为明清风格，街内尚存极乐律院、显佑伯行宫等省、市级文物保护建筑以及多处清朝民国时期老建筑，亦存有一株百年椿树，是宿迁历史文化的见证。随着历史变迁，原片区内存在建筑破损严重、公共设施缺少、交通出行不便、市政设施不完善、环境质量较差等问题。

街区内的历史记忆遗存

设计理念

街区总体布局力求考虑城市文脉和历史文化，营造良好的邻里交往空间，彰显人文关怀氛围。经过对城市整体研究和策划，街区采用整体更新的开发建设模式，并遵循"有机更新、社区再造"的理念，以街区肌理和现存文化遗迹为核心形成"两横两纵七巷"的空间结构，保留传统大小街巷肌理及界面，营造具有传统意境的街巷及广场公共空间。

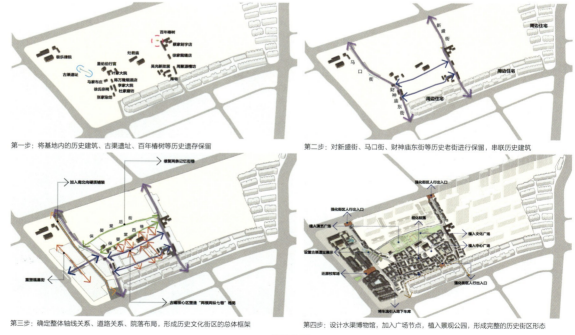

第一步：将基地内的历史建筑、古渠遗址、百年椿树等历史遗存保留
第二步：对新盛街、马口街、财神庙东街等历史老街进行保留，串联历史建筑
第三步：确定整体轴线关系、道路关系、院落布局，形成历史文化街区的总体框架
第四步：设计水渠博物馆，加入广场节点，植入景观公园，形成完整的历史街区形态

设计生成

更新策略

策略一：延续城市文脉和肌理，有机更新和社区再造

为了更尊重历史，设计保留了原有的街区空间形态和街巷肌理，恢复重组宿迁的传统民居街巷聚落，尽可能保留原有民居老建筑及街巷原有脉络，再现历史空间体验、重释宿迁地域建筑特征，修补建筑与城市文脉的关系、重拾城市的集体记忆。

更新前后肌理对比

策略二：抢救修复和活化利用，保留传统建筑和历史遗存，营造当代活力空间

对现场具有当地特色的传统建筑进行专业评估，在尽可能保留各历史阶段特点和风貌前提下，进行结构及防水构造等方面的抢救修复，以满足当代使用功能。结合街区整体业态布局要求，分别植入小型民俗展示、公共活动空间、小型服务配套等当代功能，使保留建筑恢复空间活力。

修复后的历史建筑内植入当代使用功能

对于考古发现的地下古渠历史遗迹，设计采用具有与当地传统和文脉呼应的当代建筑造型，在丰富整体景观面貌的同时，又使历史遗存得到更有价值的保护，从而延续了城市特有的历史和文脉。具有艺术感染力的建筑，更是多元文化的载体素，它们为传统历史片区的发展注入新的活力，从

历史街区

而带动城市里更多历史遗存的合理保护，使历史遗存在当代城市中的多元价值得以体现，使城市因历史遗存而彰显独特魅力，使当代生活因历史遗存而愈有底蕴。

古渠遗址在博物馆中得到保护与展示

策略三：延续传统非物质文化，并与街区更新和公共活动空间协调融合

千年来，民俗文化、宗教文化及酒文化在宿迁民间文化中源远流长。宿迁新盛街文化街区现仍存敕封的极乐律院、显佑伯行宫、灶君庙、名人旧居、周聚源槽坊等众多传统文化要素。通过将街区、院落、公共广场植入的方式，保存与串联历史遗存，在街区内形成富有特色的祈福流线和文化流线，通过街区更新延续历史文化，依托历史文化织补街区古韵。

新盛街文化街区的文化与祈福流线

街区鸟瞰前后对比

维持街区尺度、充分利用历史建筑遗存

内街前后对比

建筑破败、配套欠缺,活力不足　　彰显历史风貌、植入丰富的业态,为市民提供多样的生活乐趣

改造前后设施面积对比

设施面积	商业	机动车及非机动车车库	古渠遗址展示	景观绿化	休闲广场
改造前 /m²	0	0	0	0	0
改造后 /m²	42220.93	28312.14	732.04	3649.81	4133.05

更新意义　基于城乡文脉的新空间打造是塑造城市特色的重要路径之一。城乡文脉指的是城乡拥有的历史、文化、社会、环境等方面的背景和脉络,包括城乡的建筑风格、历史遗迹、传统文化、社会习惯、自然环境等,这些都是城乡的独特魅力和文化底蕴,也是城乡发展的重要基础。城乡文脉对于城乡的保护和发展至关重要,同时也对城乡居民的身份认同和文化自信产生深远影响。

建立在历史遗存上的当代多元活力空间

历史街区

利桥街鸟瞰

福清市利桥特色历史文化街区保护与更新

设计单位
北京清华同衡规划设计研究院有限公司
北京华清安地建筑设计有限公司

主要设计人员
设计主持：张 杰
规 划：张 弓　王韵嘉　罗大坤
　　　　陈维高　李波莹　李杜若
建 筑：张 弓　罗大坤　金 旖
　　　　李建国　赵晓慧　范恩闯
　　　　宁昭伟　陈伟霞　田 敏
　　　　杜永刚　杜 丽　黄 丹
结 构：何晓洪　董以强　汪建飞
　　　　张 俊
给水排水：王燕霞　冯占伟
暖 通：杨延安　王一淼　李 慧
电 气：王 娟　郭春爽　石晓峰
　　　　陈天旭
景 观：王成业　何 苗　张 丹
　　　　王 洋　蒋含笑　赵 涵

业主单位
福清东百置业有限公司

项目地点
福建省福州市福清市

项目时间
设计：2019年12月至今
施工：2021年1月至今
开业：2022年12月（首期）

项目规模 19.09hm²

建筑面积 129200m²（地上）
　　　　　　134200m²（地下）

项目背景

福清市位于福建省东南沿海，建城逾1300年，坐落于龙江北岸、玉屏山与玉融山交会处，南望"双旌五马"。因便利的水陆交通条件，福清市自古商业繁盛，明朝的海洋贸易更是极大带动了古城发展。位于古城南门外、连接瑞云塔旁码头的利桥街，连接着古城与海上丝绸之路，逐渐成为重要商贸街区。2019年，当地政府公开出让利桥街区作为商业建设用地。政府与开发单位希望设计团队能对这一街区的更新提出兼顾历史文化保护、建设效益与市民生活福祉的设计方案，并以街区建设为契机，推进城市更新。

瑞云塔

| **原状描述** | 现状利桥街区保留有跨越多个时代的历史遗存，包括省级文物保护单位瑞云塔、黄阁崇纶坊，以及很多传统民居与侨厝，它们中西合璧，反映着利桥街区与海上丝绸之路的历史联系。20多年来，城市向南跨江扩张，出现了大量的高层建筑，打破了山城相依的传统景观环境。利桥街区也因大量自建房的出现，使众多的历史文化遗存日渐衰败，街区格局难辨，整体特色丧失。2019年底，项目团队进场调研时，除文物保护单位、历史建筑及少数代表性民居外，其他民房已拆除搬迁。场地内历史文化遗存已失去了其紧密依存的历史环境，孤立于空地之中。|

更新前的利桥街区

| **设计理念** | 修复"城—街—江—山"的历史文化景观，塑造开放包容、与场地文脉及环境嵌合的公共空间场所，打造具有地方风貌特色的现代城市商业复合体，将城市生活方式从普通商业消费导向本土化、有深度的城市历史文化体验转化。|

规划结构　　　　　　　　　　　　龙江江景

| 更新策略 | **策略一：运用城市历史景观方法，开展整体保护** |

依据城市历史景观（HUL）的方法，提出修复城市文脉的目标。主要措施包括：1）保护观江、观山、观塔视廊，尊重顺坡面江的历史地形地貌特征。2）延续福清老城南门轴线、直抵龙江，并将江岸重新向城市开放。提升东门河水岸环境，恢复原通城河水街路径。3）恢复约600m长的利桥古街，自东向西依次串联瑞云塔、龙首桥、烈士陵园、黄阁重纶坊、人民公园苏式门楼、宋井、荷园等历史场所。在此基础上，恢复宋井巷、利园巷、利桥弄、岭顶路、塔南巷5条历史街巷，串联瑞亭天主堂、闽剧院、吴氏八扇厝、卢氏侨厝等11栋历史建筑。历史空间结构的恢复有效地在历史遗存散落的场地内重建古今联系与空间秩序，并与山水环境和城市空间建立有机的链接。

利桥街区场地剖面图

利桥街与黄阁崇纶坊、瑞云塔的对景关系

以现代设计演绎历史城门，塑造龙江门广场的城市轴线对景

利桥街区总平面图

历史街区

策略二：现代商业建筑形式的地方化

采集福清传统建筑信息，构建反映地域性的建筑类型集，提炼传统建筑基本词汇引入项目的不同场所。依据建筑功能单元的需求，通过分层级控制，将传统建筑的语汇通过复制、变异及现代演绎，形成整体宜人的尺度与丰富性。风貌分区包括"老福清"传统味道文化轴——利桥街，"新而老"的立体商区——龙津里下沉广场，"新福清"的城市客厅——龙江门广场。

| 利桥古街街景 | 龙津里榕树广场 |

龙江门广场环廊　　　　　　　龙江门广场沿街

策略三：地下地上联动，破解街区交通支撑难题

充分利用地下空间，解决人车分流、街区停车、设备设施用房及后勤服务的需求。通过地下停车库与出入口的合理布局，在破解街区周边道路不足、开口条件受限等问题的同时，保障街区传统肌理的延续、地面步行空间的完整。商业流线以主街和广场为骨干，通过二级巷道、多层环廊、扶梯和无障碍坡道交织成网，塑造出线形、环形和广场相组合的立体开放流线。

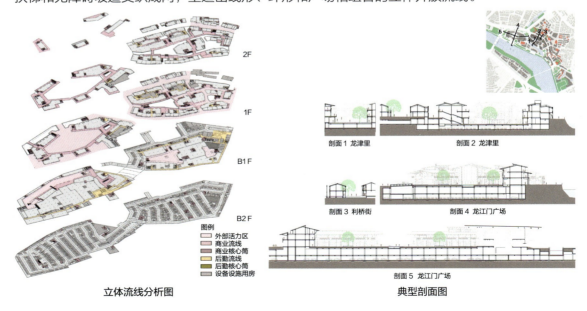

立体流线分析图　　　　　　　典型剖面图

实施效果

利桥特色历史文化街区首期商业区于 2022 年 12 月建成开放，已成为当地最受欢迎的城市公共场所。

修复前、后的龙江两岸　　　　　　　　　　修复前、后的利桥街

更新意义

龙江门广场潮酷音乐会，江滨焰火—音乐喷泉庆典等大型现代城市活动，新年"板凳龙"街区巡礼、清明祭祖与烈士纪念活动、中秋花灯花船会、端午节龙舟赛等极具地方民俗特色的文化活动在街区如期举办，项目为城市营造了现代商业活力，极大地提升了地方特色文化的影响力。

利桥历史文化街区的建设与开放，唤起了当地人们的文化自豪感，增加了社区的获得感，催生了新的生活方式，推动了城市发展理念的转变，其综合保护与更新也将成为新时代福清可持续发展的重要引擎。

街区举办大型城市活动

历史街区

恢复通城河历史景观，街区向城市开放

福州连江魁龙坊历史街区保护与更新

设计单位
北京清华同衡规划设计研究院有限公司
福州市规划设计研究院集团有限公司

设计人员
设计主持：张 杰
建　筑：张 弓　张 飏　罗大坤
　　　　　金 旒　范恩闯　宁昭伟
　　　　　黄 丹　杜 丽
建筑修缮：罗景烈　陈 成　林 箐
　　　　　郑远志　林树南
结　构：张春喜　汪 锐　袁志伟
给水排水：赵 洋　朱思宇　张灵华
暖　通：孙玉武
电　气：张振洲　冯 亦　王飞锽
市　政：游 龙　黄宁海　陈钢彪
　　　　　王 焰　胡伟鹏
景　观：王成业　何 苗　王 洋
　　　　　陈 晨　张 丹　蒋含笑
　　　　　赵 涵
照　明：薛娟妮　张贤德　贾旭泽

业主单位
榕发温麻（连江）实业有限责任公司

项目地点
福建省福州市连江县

项目时间
设计：2018年4月—2019年8月
施工：2019年9月—2020年11月
开业：2020年11月

项目规模　2.62hm²

建筑面积　23400m²

项目背景

连江位于福州市，曾是"福州十邑"之一，历史悠久。城市山水环抱，历史格局保留基本完整，历史信息丰富。魁龙坊街区位于老城中心，历史上文教盛行、名宦辈出，历史遗存集中成片。2018年初，"破败"的魁龙坊街区被纳入老城旧屋区改造工程，原方案拟将街区完全拆除，建设百米高层住区。张杰教授团队受邀介入本项目后，成功扭转地方建设思路，从"大拆大建"转变为文化保护与城市发展兼顾的建设模式，魁龙坊街区得以保护更新。

魁龙坊街区鸟瞰

历史街区

原状描述

魁龙坊街区南侧曾有穿城而过的通城河与若干古桥。西端曾有魁龙桥亭，是古代知县为连江学子进京赶考饯行、接风之处。化龙街与天王前街是街区两条主要老街巷。因福建宗族社会家族聚居，魁龙坊街区呈鱼骨状格局，建筑多为垂直街巷的多进院落。街区内留存23处明清院落，红瓦坡顶，山墙连绵。前些年由于受市场导向、大拆大建模式的影响，当地的历史文化保护意识不足，街区缺乏维护，自建房增高加密，基础设施和公共服务配套严重欠缺，环境品质恶化等问题突出。

历史文化要素遗存分布　　　　　　更新改造前的魁龙坊

设计理念

方案对街区开展深入全面的评估，确立严格保护、审慎更新的原则，停止老房拆除，并建立详细的"保、改、拆"档案。设计将视野拓展到整个老城，提出古城格局、历史街巷、建筑肌理及各类历史环境要素整体保护思路。在建设定位上，将魁龙坊片区从原规划简单的回迁居住区调整为以传统文化传承为主的城市公共客厅，通过保用结合促进城市发展，为城市功能注入新动能。在居民回迁安置方面，提出以多层高密度住宅替代原来的高层住宅方案，避免超高层住宅对城市总体风貌进一步破坏，并将保留下来的传统街区作为社区文化服务功能的一部分，实现老城有机更新。

融入城市山水环境的魁龙坊街区与正在建设的住区

更新策略

策略一：修复街区历史格局与肌理，让街区向城市开放

拆除沿街部分不协调的多层住宅，以沿街水景展示通城河历史河道景观。沿街在保护老房子的基础上，织补具有传统风貌特色的建筑，以此恢复化龙街；同时在重要的历史建筑前开辟小型广场，使被封闭在"剥皮式开发"后面的历史街区重新向城市街道开放。从"大拆大建"转向"应保尽保、织补更新"，建筑保留改造率达75%，从而保证了历史风貌的真实性和完整性。遵循垂直街巷组织院落的原则，方案结合原有院落边界划定更新单元，在新的建筑织补、功能更新过程中对其加以保护。

更新前后肌理对比　　更新后街区总平面图

策略二：将传统生活巷道转变为高品质城市公共空间

疏通街区狭窄、均质、两侧建筑界面封闭的街巷；拆除不协调建筑，腾挪出部分空间作为"口袋公园"；结合历史遗存如古井、古树、残墙及历史典故等资源，塑造具有地方文化特色的节点。以院落为单位配置文化展示、商业、办公、民宿、宗教等多元功能。北侧结合仙塔、孙氏宗祠、拱极门遗址的保护与展示，将街区与安置住区联系在一起，实现两者的开放融合。街区与住区实现停车、消防水池、高位水箱间等配套设施的共建共享，破解街区现代化提升的空间限制难题。

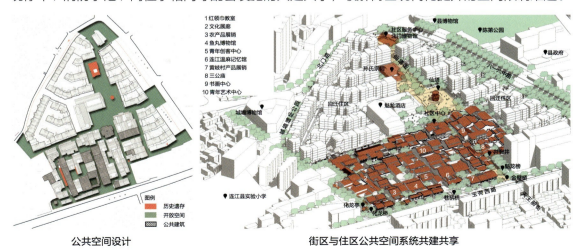

公共空间设计　　街区与住区公共空间系统共建共享

历史街区

策略三：建筑的保护与更新

传统民居规模较小，内部空间零散，空间利用率低，在消防疏散及设备设施安置方面均存在局限。设计将与自然院落相匹配的组团作为一个更新设计单元，针对各单元不同风貌与功能需求协调解决上述问题。拆除建筑内隔墙增加空间连通性，植入钢结构楼梯、设备用房以满足新的使用需求。

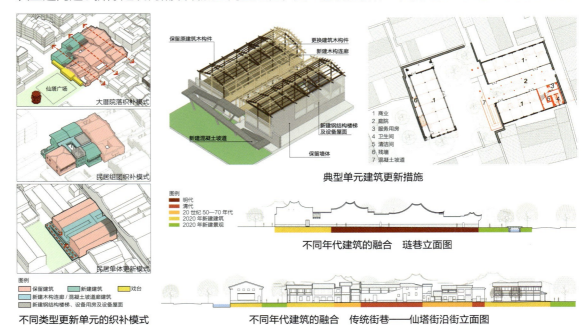

策略四：传统建筑构造工艺的功能适应性改良创新

项目在材料选取、工艺做法、施工工匠方面力求本土化。团队深入采风调研指导设计工作，并深度介入施工现场解决具体问题。现状建筑构件最大化保留，增添街区特色与"可阅读性"。结合现代材料与工艺，适应本土施工技术水平，以较低成本在建筑构造节点层面对传统建筑室内环境舒适度进行提升。

实施效果

魁龙坊街区于2020年11月竣工并投入运营，2021年8月被福建省人民政府公布为省级历史文化街区。在保留建筑占比75%的前提下，通过多层次的适应性改造措施，街区实现了由传统居住区向复合功能的转变。

街区古厝山墙连绵起伏

修复街区历史格局，向城市开放

残墙的保留及院落景观提升

结合现存建筑残墙设计的"口袋公园"

历史建筑修缮及结合古井的空间节点营造

更新意义

本项目是连江老城整体保护振兴战略的关键起点，转变了发展思路，为老城可持续更新打开了新局面，也为全国县级历史城市的复兴提供了新范式。街区避免大拆大建，保护了珍贵的历史遗存，留住了城市的"根"。同时探索实践了因地制宜、低成本适应性设计与工艺。良好的实施结果使本地历史文化得到积极的展示，极大增强了当地人民对本土文化的自信。当地有越来越多志愿者甚至小学生，自发加入本土历史文化保护与宣传中，各类文化艺术中心、展示馆在街区中陆续出现。魁龙坊街区受到广大市民的喜爱，也成为县城举办各类活动的场所和对外宣传的窗口，已是名副其实的"城市客厅"。项目吸引了大量的年轻人、海外华人回乡创业，成为连江与海外联系的纽带。2024年底，街区北侧回迁安置住区即将竣工。届时，街区的历史文化将与开放住区的市井生活融为一体。

魁龙坊街区成为连江老城的"城市客厅"

历史街区

鸟瞰图

东立面正视图

武汉市原日本领事馆旧址保护修缮利用工程

设计单位
中南建筑设计院股份有限公司

设计人员
设计指导：唐文胜
建　　筑：向柯宇　王　梦　王　新
结　　构：纪　晗　张　威　景文俊
　　　　　李功文
给水排水：李萍英　李　楠
暖　　通：王俊杰　陈　滔
电　　气：马翼龙　祝　超
智 能 化：马翼龙
项目管理：姚　欣

业主单位
融通地产（湖北）有限责任公司

项目地点
湖北省武汉市江岸区

项目时间
设计：2022年1月—2022年9月
施工：2022年12月—2023年6月
开业：2023年8月

项目规模　0.37hm²

建筑面积　9666.9m²

项目背景

该建筑是汉口原日本领事馆旧址，为武汉市二级优秀历史建筑、尚未核定公布为文物保护单位的不可移动文物。2000年以前一直作为军队宾馆（汇申大酒店）使用；2019年借武汉市举办第七届世界军人运动会（简称武汉军运会），打造卓越大道亮点工程之际对建筑立面进行了初步修缮，建筑内部拆除原酒店装修后一直空置。

为解决该建筑常年空置失修、建筑内部构件破损严重、建筑外部环境品质低下、城市界面封闭消极等问题，项目对其结构、外形、功能与空间作出相适应的修缮改造，将功能业态由酒店改为办公，在对建筑进行活化利用的同时最大程度降低对历史建筑的破坏。

东南侧鸟瞰图

历史街区　　075

原状描述

该建筑是1938年原日本领事馆被炸毁后在原址重建的，1949年后历经多任业主的加建改造，整体呈现为一栋四层的混合结构建筑。

"武汉军运会"前的外立面维护保养，剥落外墙涂料暴露了内部隐藏的结构与材质。清水红砖外墙、水刷石门窗以及历史建筑特征鲜明的高大内凹门楼，还有建筑角部"拐弯抹角"的建造手法，都属于建筑文物本体部分的历史痕迹和当时的建筑特征。但因历次破坏性的改造、装修、业主更换导致的使用维护不当，出现了砖墙泛霜、石面渗污、涂料受潮、线脚破损、局部剥落等现象，大大降低了建筑立面的细部品质。

因上一次对装修面层的暴力拆除，建筑室内空间显得破烂不堪。大面墙体面层脱落，红砖基层裸露，中庭墙体的水刷石面层呈现多处渗污破损；原汇申大酒店时期吊顶的拆除在梁板上留下大量的木楔孔，楼地面面层已被铲除，楼板到处都是破损孔洞；框架结构的梁柱也破损严重，多处出现蜂窝麻面及漏筋现象。虽然室内空间损坏严重，但从墙面水刷石及清水红砖材料、水刷石内窗窗台、疑似20世纪40年代的中央空调铜制风口、铸铁落水管及管夹、铜框赛璐珞嵌入式壁灯等遗存构件中仍能发掘出诸多历史文物细节。

建筑现状

设计理念

本修缮保护设计建立在遗产原真性的延续之上，严格遵循"不改变文物现状""尽可能减少干预""可逆性""可识别性"等修缮原则，尊重建筑遗产的原真性、多样性、复杂性，谨慎秉持"原材料、原样式、原工艺"，摒弃"重保护轻利用"的思维定式和"冻结式"的保护策略，以微介入的姿态从保护、维护、恢复、修复扩展到可兼容利用、适应性改变，最大限度地保存建筑遗产的真实性和完整性，使其更好地延续社会功能性、文化自明性和情感归宿感。

图例
文物本体范围示意（非阴影区域为历次加建部分）

建筑现状平面图

更新策略

策略一：结构微创介入——精准把控·补强加固·空间重塑

本项目充分考虑其多次加建的历史因素和文物价值程度，针对原建筑物建设周期长、结构体系复杂、功能需求较多的问题，结构采用针对性的材料、工艺进行加固，尽可能地保证原有结构体系不变，采取分部位、分程度地"精把控、微介入"。针对文物本体部分，保留原始墙体布局，对破损严重但文物价值高的部位进行合理加固和原貌修复；针对非文物本体部分，拆除内部隔墙以释放空间，在内部中庭增加楼梯以延续竖向交通，实现内部空间的连续重组。

结构加固措施

策略二：风貌原真修缮——原貌复原·手法可逆·精致提升

在建筑外部，本项目一方面保留并清洗原始清水红砖与水刷石，另一方面在满足现代功能要求的基础上增设新的建筑构件。结合泛光设计通过预制金属构件在提升立面品质的同时尽可能减少对文物的损坏，以达到建筑表现性复原；建筑内部，除了保留原始水刷石、出风口、壁灯等历史细节，在置入现代技术的同时也综合考虑适配室内的装修风格，对墙面、地面进行复原式修复，以达到建筑延续性复原。

本项目最大程度减少对建筑历史细节的干预破坏，让修缮改造有迹可循，最大限度地保存原日本领事馆旧址的真实性和完整性，更好地延续并传递其历史、艺术、科学和社会价值。

建筑立面修缮实景图

历史街区

策略三：空间活化利用——有机更新·开放共享·友好包容

如何在历史建筑中通过空间与功能媒介来传递并彰显现代性的精神，是本项目重点考虑并解决的核心问题。本项目通过扩大东侧主入口门厅使空间通透大气、尺度宜人，消解了原始空间的视线狭窄和压迫感，同时融入了兼具办公、接待、会客及展示等多元化复合功能，强化了主门厅入口形象，更有利于活化利用；建筑中庭增设直跑楼梯，并在上方屋面增设电动天窗，既实现了中庭空间的竖向连通可达，又大幅改善了室内空间的采光与通风条件，使中庭由原始的交通空间升级为驻足休憩、社交互动、参观展览的公共空间。本项目还充分利用建筑滨江临水的绝佳景观资源，通过架空木平台、玻璃棚架和盆栽绿化打造了极具特色的空中花园、露天酒吧和咖啡廊，营造了公共友好、趣味舒适的共享屋面。

门厅　　　　　　　　　　　中庭　　　　　　　　　　　屋面

策略四：绿色建筑技术——超低能耗·被动节能·绿色环保

本项目同时还是在落实我国"双碳"目标背景下，进行历史建筑修缮与超低能耗绿色建筑有机结合的设计实践。通过引入超低能耗绿色建筑设计策略，充分利用文物本体外墙厚、保温好的优势，更换外窗为超低能耗窗，按照超低能耗标准重做屋面和框架结构外墙等外围护结构的保温系统，大大提高了建筑整体的热工性能。在金属屋面开设电动天窗，搭配风雨感器应实现内部空间的智能温湿度调节，结合室内中庭空间，冬季阳光直射室内促进温室效应，夏季利用烟囱效应实现有效通风，提升了室内空间的舒适度，减少了对空调设备的依赖，冬暖夏凉，节约能耗，绿色环保。

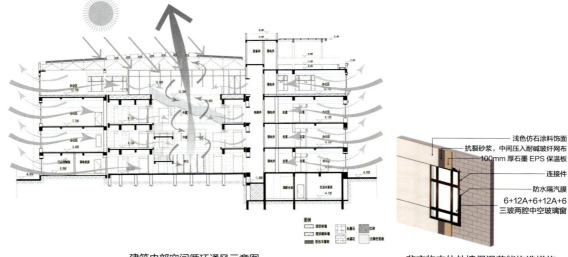

建筑内部空间循环通风示意图　　　　　　非文物本体外墙保温节能构造措施

实施效果

室外空间前后对比

界面封闭、破败消极、杂乱无序　　　　　　　　融入汉口江滩城市公共空间系统，友好包容

屋面空间前后对比

碎砖烂瓦、废弃机房、设备凌乱　　　　　　　　公共友好、趣味舒适的共享屋面、观江平台

门厅空间前后对比

尺度压抑、阴暗逼仄　　　　　　　　　　　　　通透大气、尺度宜人、功能多元复合

中庭空间前后对比

空间压迫、采光品质差、竖向流线中断　　　　　驻足休憩、社交互动、参观展览的公共空间

更新意义

原日本领事馆旧址记载了日军侵华的屈辱历史，是中国近代历史变革的重要印记之一，该建筑的修缮保护具有较高的历史文化价值、科学艺术价值和社会经济价值，有利于保留城市记忆、延续城市文脉，让建筑遗产在城市更新的大背景下重焕新生，进而带动汉口租界历史风貌街区的城市更新。

本项目在对建筑进行活化利用的同时最大程度减少对历史建筑的破坏，使其内部空间得以有机更新，提升空间品质，创造出符合现代化精神的空间，增强了遗产建筑的公共属性，拓展了人们对建筑遗产的理解与体验，让建筑空间真正为当下所用，才能最大化实现建筑遗产的价值。

南京东路 179 街区街景

上海市南京东路 179 号街坊成片保护改建

施工单位
上海建工二建集团有限公司

施工人员
项目经理：赵明锋
总工程师：施　臻
技术管理：郭雨棠
施工管理：吴海峰
商务管理：周红霞
安全管理：陈泳毅

业主单位
上海外滩投资开发（集团）有限公司

项目地点
上海市黄浦区

项目时间
设计：2013—2018 年
施工：2014—2022 年
开业：2022 年

项目规模 0.962hm²

建筑面积 59250m²

项目背景

南京东路179号街坊成片保护改建项目处于上海外滩历史文化风貌保护区，属于外滩第二立面改造工程。街区包括美伦大楼、新康大楼、华侨大楼和中央商场等建筑。随着这些历史建筑使用年限的增加，建筑结构老旧、建筑功能落后、商业价值流失等问题有待解决。改建过程中依据历史建筑的保护要求和修缮原则，提升建筑的结构可靠度和安全性，通过合理利用有效保护历史建筑的文化价值。

中央商场旧照

美伦大楼旧照

历史街区

原状描述

南京东路 179 号街坊位于上海市黄浦区,地处南京东路、四川中路、九江路、江西中路围合的范围内,占地面积 9621m²。现存 4 组 1911—1930 年建成的历史建筑,分别为美伦大楼、新康大楼、华侨大楼和中央商场。美伦大楼北楼为三类优秀历史保护建筑,是一幢新古典主义风格的近现代建筑,结构形式为钢筋混凝土框架结构;场地内其余建筑均为历史保留建筑,房屋外观呈新古典主义风格,中央商场和华侨大楼为钢筋混凝土框架结构,新康大楼为钢筋混凝土框架－剪力墙结构。

街区既有建筑原状

设计理念

尊重历史,保留记忆。对本项目的保护、改造等所有即将进行的措施、策略必须遵循历史风貌保护原则。发掘与提升历史建筑价值,强化其历史文化的积淀,拓展现代功能,历史价值与现代价值有机结合,赋予历史建筑新的意义和活力。

街区夜景

更新策略

策略一：拓展空间

采用精细的原位逆作法地下空间开发技术,完成了历史建筑下方5层地下室拓建,完善了历史街区与商业、文化的多元业态融合,有效地提高了历史建筑的商业价值,缓解了停车难的问题。

增设地下室示意图

策略二：改善机能

采用"热水瓶换胆"技术对街区内的7栋历史建筑开展了外墙风貌保护和内部结构更新,保留了历史街区原有的新古典主义风格,最大程度上保持了历史建筑的文物价值。在修复历史建筑风貌的同时,考虑部分现代风格建筑在形体、尺度、色彩、质感等各方面与历史建筑相协调而又易于区分。尊重历史、新旧共生,让整个街区可漫步、建筑可阅读。

建筑外立面

建筑内部结构

历史街区

策略三：提升品质

项目区位优越、寸土寸金，在街坊内、外侧沿街界面均布置商业，并增设两处室外连桥串联各栋建筑的商业动线，加之十字内街的恢复和带有玻璃穹顶的中心广场共同形成了步行街公共空间，营造出立体丰富的多维商业休闲共享环境，形成集高端商业、金融办公和文化旅游为一体的多元复合"24h 活力街区"。

南京东路 179 号街坊

策略四：丰富功能

恢复十字内街的历史肌理，叠加轻盈透明的玻璃穹顶，与下部覆盖的中央广场共同强化城市商业场所的公共属性。白天穹顶玻璃反射着天空的蔚蓝色，与周围的建筑相映成趣，构成了一幅绝美的城市风景画；夜晚绚丽灯光变换组合，精致钢龙骨与光线构建了优雅几何线条美感。

街区大跨钢结构拱廊穹顶

实施效果

历史建筑改建前后对比

美伦大楼改造前后

中央商场改造前后

改造前后建筑面积对比

设施面积	华侨大楼	新康大楼	美伦大楼	中央商场	新建商业建筑	地下室
改造前 /m²	6730	10433	6933	11388	0	288
改造后 /m²	7540	21281	9363	6625	8900	17075

更新意义

本项目充分保护了历史建筑群历史风貌，改造了历史建筑群的内部空间，解决了老旧建筑设施配置不足、建筑功能落后的问题，充分利用历史建筑地下空间解决日益严峻的停车难问题，为都市生活创造更多可能。加强历史建筑群之间的联系，丰富历史建筑室外造型，促进历史建筑与周边环境的和谐统一。在现代科技与历史文化的碰撞交融中，带给人们全新的视觉体验，是上海国际化大都市新的文化地标，续写着外滩魅力传奇！

南京东路 179 号街坊改建后现状

历史街区

工业遗产

南立面

"仓阁"——北京市首钢老工业区西十冬奥广场倒班公寓

设计单位
中国建筑设计研究院有限公司

设计人员
设计主持：李兴钢　景　泉
建　　筑：黎　靓　郑旭航　涂嘉欢
　　　　　张文娟　高　阳　王梓淳
　　　　　李秀萍　田　聪　徐松月
结　　构：王树乐　郭俊杰　居　易
给水排水：申　静　郝　洁
暖　　通：祝秀娟　张祎琦
电　　气：高学文　王　旭
室　　内：曹　阳　马萌雪　张秋雨
经　　济：钱　薇
项目经理：谭泽阳

业主单位
首钢集团有限公司

项目地点
北京市石景山区

项目时间
设计：2015年12月—2016年7月
施工：2016年5月—2018年5月
开业：2018年11月

用地面积 0.28hm²
建筑面积 9890.03m²

项目背景

本项目位于北京市石景山区首钢老工业区北部、北京2022冬奥会和冬残奥会组织委员会（简称北京冬奥组委）办公区东侧，原为空压机站、返矿仓、低压配电室、N3-18转运站4座废弃的工业建筑，改造前建筑面积约2500m²，改造后成为北京冬奥组委员工倒班公寓，同时可作为经济型酒店对外经营。总建筑面积9890.03m²，共有客房129间，包括大床房、标准房、套房，可容纳254人同时入住。

鸟瞰

工业遗产　089

原状描述

首钢集团始建于1919年，是中国冶金工业的一面旗帜。2008年前后，首钢集团实施史无前例的大搬迁，在北京长安街西端留下一片占地8.63km²的老工业区。2015年，北京成功申办2022年冬奥会和冬残奥会，奥组委入驻首钢，将停产的老工业区改造为现代化办公园区，但面临着建筑容量有限、环境污染、配套设施不完善、工业遗存改造利用难等诸多挑战。本项目场地上原有的4个老旧厂房保存状况较差，且不属于强制保留的工业遗产，业主原计划将其拆除。

改造前原貌

设计理念

无论原建筑何等陈旧、破败，都曾经是首钢生产链条上不可或缺的环节，拆除并非良策。改造，体现了对工业遗存的尊重和首钢历史记忆的延续，更容易与厂区其他建筑相协调，与奥林匹克2020议程的"可持续性"理念高度契合，并为冬奥会后长远的利用创造有利条件。我们将老旧的厂房视为珍贵的、不可再生的"废墟自然"，对其珍视、留存并与新建筑构成交互共生关系，力求让新建筑与老厂房共同组合成一个"人工"和"自然"融合协调的整体。

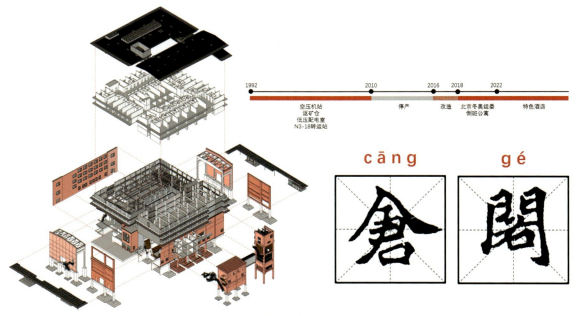

老旧厂房改造理念

更新策略

策略一：整合·织补

为了在局促的用地条件下争取更大的使用面积，设计采取了垂直叠加和水平连接的空间策略：最大限度地保留原建筑的空间、结构和外部形态特征，将新结构见缝插针地植入其中并叠加数层；将 4 座建筑水平相连，分为南北两区，围绕中庭和天井布置客房。

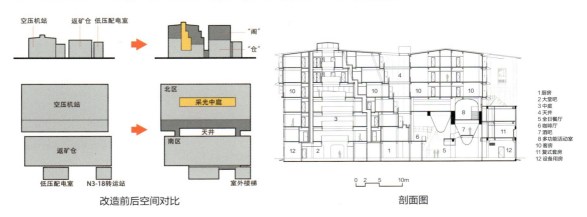

改造前后空间对比　　　　　　　　　　剖面图

策略二：意象·转译

改造后，下部的大跨度厂房（"仓"）作为公共活动空间，上部的客房层（"阁"）漂浮其上，形成强烈的对比，故又名"仓阁"。宽大舒展的楔形屋檐、蜿蜒曲折的室外楼梯、水平伸展的外廊立面……建筑在准确传达工业遗存价值的同时，也是对传统楼阁意象的抽象转译。

西南侧全景

西立面

西北侧全景

工业遗产

策略三：穿插·共生

在北区，原建筑的东、西山墙及端跨结构得以保留，吊车梁、抗风柱、空压机基础等工业构件被戏剧性地暴露在大堂中；在南区，3组巨大的返矿仓金属料斗与检修楼梯被完整保留在全日餐厅内部，料斗下部出料口改造为就餐空间的空调风口与照明光源，料斗内部改造为酒吧廊。

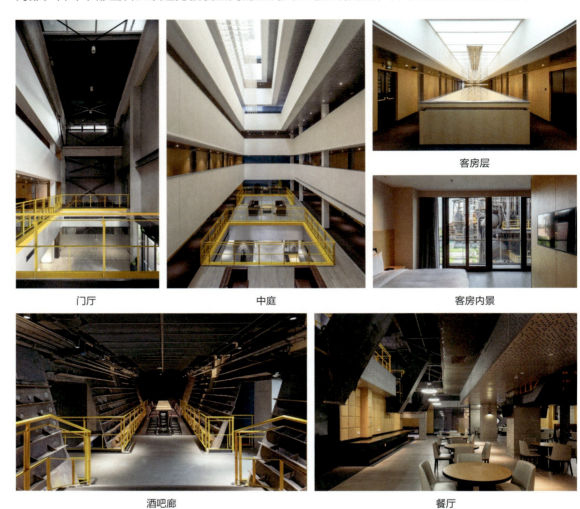

门厅　　　　　　　中庭　　　　　　　客房层
　　　　　　　　　　　　　　　　　　客房内景
酒吧廊　　　　　　　　　　　　　　　餐厅

策略四：结构·工法

设计过程中，建筑师与结构工程师密切配合，对原建筑进行全面的结构检测，确定了拆除、加固、保留相结合的结构处理方案；使用粒子喷射技术对需保留的涂料外墙进行清洗，在清除污垢的同时保留了数十年形成的岁月痕迹和历史信息。

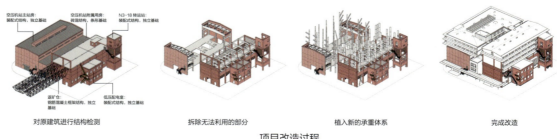

对原建筑进行结构检测　　拆除无法利用的部分　　植入新的承重体系　　完成改造

项目改造过程

实施效果

大堂改造前后对比

全日餐厅改造前后对比

改造前后数据与功能对比

对比项	建筑面积（m²）	建筑高度（m）	建筑层数（层）	功能
改造前	约2500	13.66（檐口）	3	返矿仓、空压机站、配电室、转运站
改造后	9890.03	24	7	酒店客房、餐厅、酒吧、洗衣房等

更新意义

"仓阁"虽规模不大，却是西十冬奥广场各单体中旧建筑保存最多、最完整的一组。设计尊重工业遗存的历史原真性，延续首钢老工业区的历史文脉，通过新与旧的碰撞、功能与形式的互动，使场所蕴含的诗意和张力得以呈现。它曾经是首钢生产链条上不可或缺的一个工艺节点，今天则是城市更新与老工业区复兴的一次生动实践。

东南侧全景　　　　　　　　　　　　从客房阳台远眺首钢工业遗存景观

工业遗产

改造后的 2 号厂房

北京卫星制造厂科技园

设计单位
北京弘石嘉业建筑设计有限公司

设计人员
设计主持：张 兵
项目经理：张 维　张露秋
方　案：刘思源　彭嘉轩　王冠群
　　　　梁 辰　盛启宇　王 岩
　　　　薛斌卫　宋晨光　田晓光
　　　　李 言
景　观：孙 捷　赵中原　卢文龙
　　　　郝龙英
室　内：霍兴海　杨苗苗　雷春花
建　筑：张翠珍　邹丽婷　单 单
结　构：薛 微　谢文东　王增志
设　备：沈 隽　赵宏峥　周甄缘
电　气：师科峰　王智伟　向 文

业主单位
北京海星科技产业服务有限公司

项目地点
北京市海淀区

项目时间
设计：2022年1月—2022年10月
施工：2022年10月—2023年6月
开业：2023年6月

项目规模 2.28hm²

建筑面积 29189m²

项目背景

北京卫星制造厂有限公司中关村厂区始建于1958年，是我国1970年发射的第一颗人造地球卫星"东方红一号"的诞生地，其中一号与三号厂房分别在2018年和2020年被列入国家工业遗产名单。

新旧设计元素的并置

工业遗产

原状描述

厂区先后承担中国 100 多颗空间飞行器的研制工作，承载着中国航天历史的记忆和荣耀。厂区内 1 号厂房为卫星及航天器主体构件研制的主厂房；二号厂房为当时中国最先进的"超级厂房"，主要生产精密仪器及电子元件；三号厂房为卫星组装厂房，"东方红一号"即是在此组装完成。厂区在 2021 年基本停用，停用前由不同组织机构混合使用，平面布局略显凌乱。建筑立面在不同时期被涂料覆盖，部分建筑已经无法看出原始颜色、风格及造型。

厂区改造前现状

设计理念

将原本"内向型"厂区改为"开放式"科技园是项目的重要策划定位。厂区由东西向（运星大道）与南北向（功勋大道）的两条主轴线构成，T 字形交会点是核心活动区域。在商业与配套价值最高的区域引入更多业态，创造区域内的活力热点。

①一号厂房
②二号厂房
③三号厂房
④行政及卫生楼
⑤五号厂房
⑥东方红广场
⑦东方红纪念碑
⑧厂史展示廊
⑨功勋设备展示厅

总平面图

更新策略

策略一：显露与覆盖

建筑改造希望呈现新的设计与历史痕迹共存的状态，老厂房气韵的显露，新活力元素的注入，均是基于不同建筑特点与功能需求的顺势而为。

修缮前后对比

策略二：纳入与退让

厂区内大量伴随园区共同成长的树木，新功能与老树木的关系亟待梳理。项目团队采用的方式是纳入与退让，在矛盾中建立一种富有创造性的关系。基于这样的原则，原址内90%的乔木得以保留。

改造后实景1

改造后实景2

工业遗产

策略三：就势与附合

项目团队利用工业厂房高度的特点进行被动节能的设计。保留原始屋顶的通风窗，在侧墙低位和高位设置可开启外窗。通过高低位通风窗，在室内外空气热压作用下形成自然循环。

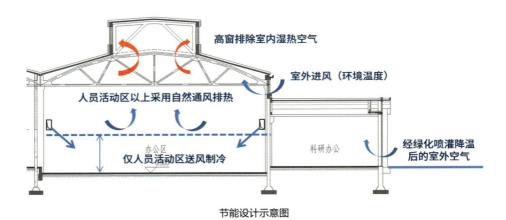

节能设计示意图

策略四：老故事与新场景

厂史展示廊的设计宛如一条时空隧道，中心广场地面铺装嵌入金属材质的文字，记录我国发射的55组卫星名字和发射日期。南北轴线的终点是1:1复原的"东方红一号"卫星模型，以及"东方红一号"诞生地纪念碑；东西轴线终端是一个利用成品集装箱为空间载体的功勋设备展示厅。

厂史展示廊

镶嵌55组卫星名字与发射日期的地面铺装

1:1复原"东方红一号"卫星的模型

功勋设备展示厅

实施效果

行政及卫生楼 改造前后对比

改造前

改造后

二号厂房 改造前后对比

改造前

改造后

更新意义

设计团队的改造视野不局限于设计端，而是坚持"以终为始"的策略，从运营角度出发，以设计总包的角色把产业链的前后端串联起来，为项目注入符合当下的市场逻辑。

厂区独特的历史 IP 是驱动改造的内核，利用历史、社会、商业价值三者的联动形成效益闭环。以厂区的历史价值吸引大众走进鲜为人知的卫星制造厂，将场地内的商业价值最大化，为园区运营提供持久动力，进而反哺于物理空间与文化属性的升级。

在北京卫星制造厂的改造中，设计师始终以温和的态度与老厂房"叙旧"，和新元素"言欢"。在岁月长河中寻找沉睡的航天记忆，让寻常烟火走进历史深处。

改造后实景

工业遗产

鸟瞰图

北京六工汇

设计单位
杭州中联筑境建筑设计有限公司
北京首钢国际工程技术有限公司
易兰（北京）规划设计股份有限公司
北京弘石嘉业建筑设计有限公司

设计人员
主持建筑师：薄宏涛
主要设计人员：
薄宏涛 殷建栋 张昊楠 刘鹏飞
蒋 珂 高 巍 邢紫旭 康 琪
张 洋 蒋静颖 李凯欣

业主单位
铁狮门
北京首钢基金有限公司
北京首奥置业有限公司

项目地点
北京市石景山区

项目时间
设计：2016年
建成：2022年

建筑面积 165757m²（地上）
57996m²（地下）

项目背景

北京六工汇位于石景山区首钢园区两湖片区中部，是环绕国家体育总局冬季训练中心的重要城市织补建筑群落。项目包括六个地块，更新后共有约88000m²的办公空间、约77000m²的商业空间及1200多个停车位。项目在后奥运时期产业迭代的时空背景下应运而生，标志着首钢的更新发展阶段从"体育+"全面进入"城市+"。

六工汇购物广场

原状描述

北京六工汇项目定位围绕着首钢先期建设的体育板块的配套补充功能而展开。基地包括首钢原自备煤场、水厂、风机车间、五一剧场等工业生产和生活设施。保留的建构筑物有风机房、泵站、剧场、制粉车间、冷却塔等工业遗存及铁路、植被、沉淀池等地文信息。周边的石景山、四高炉、自备电厂及先期建设的冬训中心也是重要轴线和视廊节点的控制要素。

六工汇建筑群改造前

设计理念

区域活力的持续生发是首钢城市更新新阶段的巨大挑战。街区有邻里活动的加持，才可能获得长效的空间价值，因此项目选择了以"传统邻里开发"模式为基础的空间构型和设计底层逻辑，梳理出对六工汇街区活力引入的重点工作抓手：公共空间的定义和架构、街区尺度的重构、空间价值的再生。

城市设计草图（2016年5月5日）　　深化设计草图（2017年10月12日）　　最终设计图（2018年12月15日）

六工汇购物广场改造前

六工汇区位图　　六工汇购物广场改造后

更新策略

锚点群落定义公共空间

项目的六块基地围绕着体总冬训中心展开,完成了对总体区域空间的织补,在保留遗存和场地肌理的基础上修复了公共空间,重塑了广场、街道及其人文功能。

六工汇和冬训中心凹凸结合的空间结构

基于地纹的遗存空间转译

将基地纵贯南北、植被丰沛的原始工艺货料流线转换为人的主要动线,进而形成了串接各种基地主要空间线索的中央绿脊——带形广场群落。

俯瞰六工汇

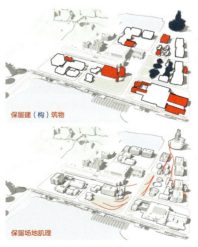

保留元素

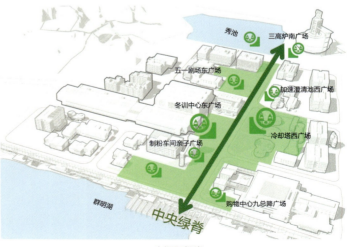

广场和绿脊

工业遗产　　103

"一遗一策"的更新术路径

设计针对基地结构形式、保存状态、空间位置各不相同的遗存建（构）筑物采用了"一遗一策"的技术路径，适配遗存单体自身特性及其在街区中的空间职责，以差异化的"量体裁衣"的思路，力争每座遗存都能找到最恰当的更新策略，从而达成保护与更新之间的微妙平衡。

留存下来的特色场地肌理

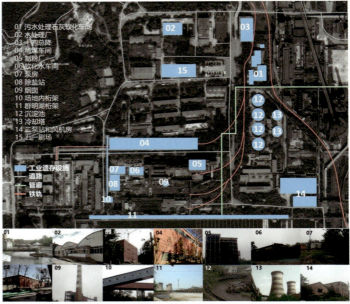
场地内遗存设施

由"存"变"在"，将历史植入日常

以"小街区密路网"的规划构想创造出慢行友好的街区空间，让工业遗存从专业认知所形成的"存（续）"的意义，将其拉回到使用者价值认知中"在（场）"的意义。

慢行友好的邻里商业空间

激发城市活力的空间"培养皿"

工业风的遗存钢架步行桥

改造后的7000风机房东侧中庭

充满阳光的商业中庭

实施效果

购物广场改造前后对比　　五一剧场改造前后对比之南立面　　7000风机房东侧中庭改造前后对比

改造前后面积对比

设施面积	办公面积	商业面积	多功能空间面积	景观面积	绿色建筑	停车位/个
改造前/m²	7572	0	0	0	0	0
改造后/m²	88000	77000	148000	81850	179000	1200+

更新意义

北京六工汇从人的需求出发，在空间、产业、可持续、人文和活力五个方面为区域发展作出创造性贡献，打造了一个汇聚低密度的现代创意办公空间、复合式商业、多功能活动中心、微度假体验和绿色公共空间的城市综合体。北京六工汇不仅延续了百年首钢的硬核精神与文化内涵，还承接着新时代浪潮的消费诉求与体验升级，并以国际化视野打造多元化的生活方式，成为后奥运周期京西重要城市活力策源地，也为北京建设国际消费中心城市贡献力量。

购物广场北立面夜景　　加速澄清池

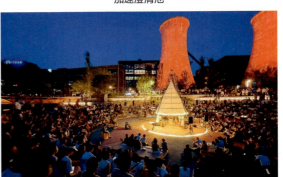

购物广场东立面夜景　　沉淀池广场

科创园区

西北侧鸟瞰图

西北侧夜景鸟瞰图

北京未来设计园区
（办公楼、食堂、成衣车间改造）

设计单位
北京市建筑设计研究院股份有限公司 胡越工作室
北京市建筑设计研究院股份有限公司 第六建筑设计院

设计人员
胡越　郭少山　游亚鹏　吴英时
马立俊　杨剑雷　郭宇龙　孙冬喆
卜　倩　谌晓晴　于　猛　马文丽
张连河　曾若浪　贺进城　王　晖
易玉超　马　金　刘　晨

业主单位
北京铜牛股份有限公司

项目地点
北京市通州区

项目时间
2020年—2021年

项目规模　1.29hm²

项目背景

项目位于北京市通州区张家湾设计小镇，原为北京铜牛集团生产厂区。改造后，园区将专注于设计产业的研发与创新，包含创研工作室、大师工作室及展示功能，并增设宿舍，构建设计企业生态圈。一期改造包括成衣车间、食堂、办公楼三栋建筑。

园区上位规划

设计理念

原状描述

办公楼位于厂区西部，南北两侧均为广场，相当于坐落在广场中央的一栋建筑。外观风格独特，模仿"白色派"建筑风格，南侧有一些廊架。内部空间平淡，层高低，设施陈旧。

成衣车间主厂房为单层排架厂房，南侧为两层钢结构办公楼。地基极差，结构需要局部加固。屋顶和外墙为彩钢板，需要彻底更新。成衣车间为厂区内占地最大的建筑，建筑本体除单一大空间外，并无特色。

食堂位于园区东侧，建筑平面方正，造型和立面平淡。改造前三栋建筑均已处于荒废状态。

办公楼原状

成衣车间原状

食堂原状

设计理念

项目团队综合分析城市与地块现状，结合上位城市规划与未来发展需求，提出园区总体设计理念：

1. 延续和强化场地文脉形成工业风的文创设计园区；
2. 整合厂区空间结构，形成具有活力的多样化公共空间；
3. 因地制宜改造既有建筑，形成面向未来的新型建筑综合体；
4. 利用新技术、新材料，打造绿色可持续的示范项目。

更新策略

办公楼

根据上位规划，办公楼所在的位置是连接东西两个公共空间的门户。根据功能需求和城市设计的要求，我们对项目进行了评估并提出了设计策略，具体如下。

1. 功能转换。基于本建筑的特殊位置我们在任务书的基础上对功能进行了转换，将其从一个普通的办公楼转变成为一个位于花园中的具有办公、轻食餐厅、展览、会议等复合功能的新型景观建筑。
2. 保留建筑的构架形式并给予突出。结合功能转换，将建筑首层部分打开，使原本被建筑分割成两部分的西广场连通。
3. 增加多义空间。增加灰空间的面积并与绿植结合，增加钢栈道和楼梯，为人们提供多义的公共空间。
4. 改造北立面。将面向西北广场的消极立面改造成具有投影功能的显示设施，为在此地举办户外活动提供优质的背景。
5. 设置二层栈道增加公共空间的类型，景观设计成为建筑设计的一部分。

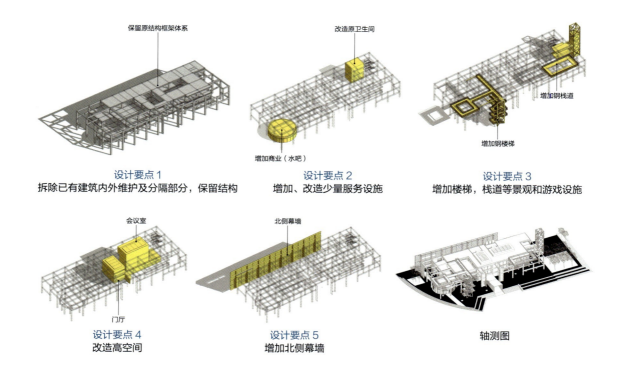

成衣车间

为了满足业主对首发项目的形象需求，结合改造后的综合办公建筑要求，我们提出改造策略，保留原工业建筑的空间和建构特色，并予以突出以下几个方面。

1. 保留单一大空间、排架结构和天窗。
2. 将所有增加的附属设施如厕所、空调机房、室外空调机、主设备管道置于建筑东西两侧室外。
3. 突出原先被遮蔽的建筑特征：在南北拆除二层办公楼，主立面设排架式门廊。
4. 显示工业建筑特征：增加屋脊处的天窗，外置附属用房，管道采用钢桁架和集装箱搭建。
5. 结合功能进行空间整合：根据消防设计要求，用两个室外花园将厂房分成两部分，结合中央街和防火分区在厂房的四个象限设置四个核心空间。
6. 花园办公：在中央街和分割空间的隔断上布置大量绿植。

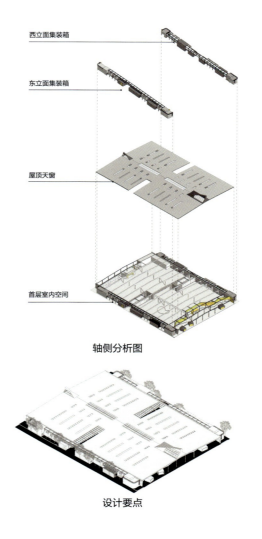

科创园区　111

食堂

上位规划将园区东边的道路定义为张家湾设计小镇一期的核心公共空间。食堂改造后功能不变。在对场地、功能需求进行全面评估后,我们采用与办公楼相似的策略处理食堂,以便在园区内形成东西呼应的两个门户空间,增加园区的开放性和公共性。

设计要点 1
拆除已有建筑部分,保留结构

设计要点 2
增加玻璃、轻钢结构的餐饮设施

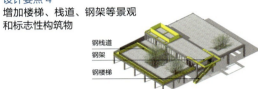

设计要点 3
拆除少量结构楼板

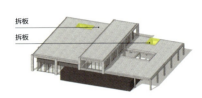

设计要点 4
增加楼梯、栈道、钢架等景观和标志性构筑物

实施效果

办公楼

1号楼北立面 – 改造前

1号楼北立面 – 改造后

1号楼西南面 – 改造前

1号楼西南面 – 改造后

食堂

4号楼西南立面 – 改造前

4号楼西南立面 – 改造后

成衣车间

2号楼室外-改造前

2号楼室外-改造后

更新意义

园区通过整合空间结构，将封闭的工业厂区转变为开放的公共空间，增设了广场群、多层次绿化和艺术元素，提供了丰富的室外体验。特色咖啡店、24小时食堂、文创展示区和铜牛历史展厅等对外开放，为市民提供了新的体验场所，这些多样化的功能增加了城市的开放性和活力。

在改造中，保留了工业建筑主体和有价值的遗迹，通过创新设计赋予了它们新的面貌，为城市副中心增添了一个工业风的创新设计园区。

铜牛老旧厂房的改造是张家湾发展的缩影，未来设计园区和张家湾设计小镇将成为城市绿心、环球主题公园、张家湾古镇等板块的活力开放街区，共同促进区域发展。

办公楼实景

成衣车间实景

食堂实景

单体建筑明细表

分期	楼号	总建筑面积（m²）	地上建筑面积（m²）			层数	建筑高度（m）	性质	备注
			办公	设备用房	配套设施				
一期	1号楼	2989.24	2959.57	29.67	0.00	3	11.88	办公	原办公楼改建；建筑最高点高度：18.5m
	2号楼	8312.70	7648.70	664.00	0.00	1（局部2层）	6.7	办公	原成衣车间改建；建筑最高点高度：13.7m
	4号楼	1659.57	0.00	0.00	1659.57	2	9.4	食堂	原食堂改建；建筑最高点高度：12.5m
	合计	12961.51	10608.27	693.67	1659.57	—	—	—	—

科创园区

鸟瞰图

北京市角门西儿童文化教育创新园区

设计单位
北京墨臣建筑设计事务所

设计人员
总　　监：赖军
建　　筑：魏伟　陈墨
室　　内：彭晓峰
景　　观：王俊英
设计人员：程广晓　刘宗杰　张正阳
　　　　　李海琳　张靓婷

业主单位
北京国际科技服务中心

项目地点
北京市丰台区角门西地铁站旁

项目时间
设计：2019年
竣工：2021年

项目规模 0.35hm^2

建筑面积 2222.7m^2

项目背景

项目紧邻北京角门西地铁站，园区总占地面积约3540.0m^2。所属区域居民密集，教育资源需求旺盛，但教育培训机构偏机械，且物业品质较差。客户希望在不破坏建筑原有轮廓结构且预算有限的前提下进行改造升级，以全新形象展示在公众面前，也能满足未来租金收益。

鸟瞰效果图

原状描述

园区内原有建筑主要功能为商务酒店及锅炉房、物业办公用房等。主体建筑的主要结构为钢筋混凝土框架结构和砖混结构，局部采用轻钢结构。建筑外立面材质主要为涂料，立面开窗可满足基本采光需求。园区内建筑设计缺少整体性。主要建筑立面均远离外部道路，对外缺少昭示性。

园区内场地较大，两侧沿建筑物为停车区域。中间绿化区内设有燃气调压箱、配电箱及人防出入口等多项不可移动改造的构筑物，地面材质主要为水泥砖铺装及裸土。园区内缺少整体环境设计，在功能上也仅可保证基本的使用需求。

2号楼侧立面改造前实景　　　　　　　　3号楼北立面改造前实景

4号楼侧立面改造前实景　　　　　　　　鸟瞰改造前实景

设计理念

这是一个整合前期策划定位、设计施工一体化设计、后期辅助招商全过程服务的城市更新项目。方案在尊重客户预算有限的情况下，基于市场数据分析及周边居民生活需求，打造全新北京城南标杆式高质科教文化园区。

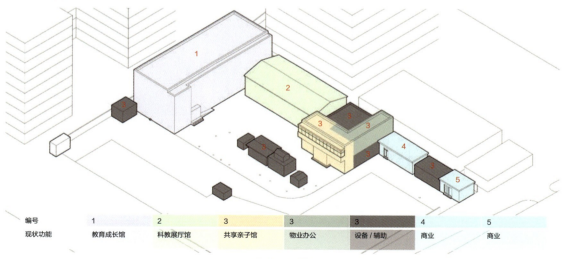

建筑功能布局

项目将教育空间、活动场地、科学展馆、共享展厅以及未来的共享服务功能相融合，为入驻企业以及家长、孩子打造一站式综合主题园区。

更新策略

设计注重室内公共区域、室外景观区域以及商业配套区的复合功能性及趣味性，打破原有局限，巧妙利用建筑室内外空间进行改造，完善使用功能，统一原建筑群分散招租的参差不齐形象，并通过中间庭院的再造优化连接各功能区，提升整体体验感。

首先进行结构优化及内部空间重新布局。

造园——儿童城堡

面对儿童教育培训这一新的使用诉求，原建筑小开间、多隔墙的单一格局已然成为制约项目舒适与多元体验的短板。设计师基于原有的三栋现状建筑整合业态布局，形成连续的商业经营界面，以定制型格局演化丰富空间可能性，重塑园区整体功能磁场。

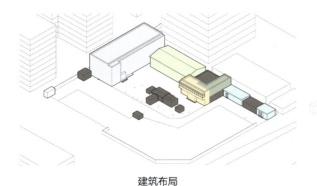

建筑布局　　　　　　　　　　　造园布局

2号楼原建筑是三层框架结构的酒店客房，将其改造为教育成长馆，作为儿童培训的主要使用空间。

图例
■ 金属铝板
□ 埃特板

2号楼空间布局　　　　2号楼室内实景

3号楼原建筑是双层砖混结构的酒店客房，将其改造为科教展厅馆，作为园区展览与会议的主要功能区。

3号楼北立面　　　　3号楼一层室内

4号楼原是锅炉房及物业配套用房，改造为共享亲子馆，作为亲子游玩休憩的场所，同时增设咖啡厅及书吧，方便家长们休息等候使用。

4号楼侧立面

实施效果 本项目的落成弥补了区域文化教育设施严重不足的问题，为周边居住人群提供更舒适惬意的商业使用空间，让过去杂乱局促的环境得以改善，整体公共空间氛围有了质的提升，实现了城市界面形象的蝶变。

2号楼侧立面　　　　　　　　　　　　2-3号楼场地

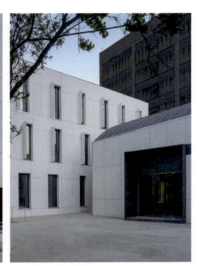

2号楼侧立面　　　　　2号楼入口细节　　　　　2-3号楼局部

更新意义 作为一个从起始阶段跟进的城市更新项目，其要点不只是在设计上，更多的是从对项目前期策划定位，到对全专业设计的把控以及对施工的管理，全过程的成本控制意识，为团队积累了丰富的经验。

项目采用全案设计和全过程服务（EPC+O）的模式，提升了从改造到运营的整体效率，为项目高质量落地缩短了周期，最终决算与概算持平，实现了租金的溢价，为团队未来城市更新项目积累了丰富的经验，也为市场同类改造提供了很好的参照范本。

现状树木与项目的和谐　　　　　　　　院子里的公共空间

下沉雨水花园：下沉公共空间及历史建筑的一体化保护及利用

长春水文化生态园

设计单位
上海水石建筑规划设计股份有限公司

设计人员
主创设计：邓 刚　张淞豪　王慧源
　　　　　黄建军　石 力　李建军
　　　　　徐晋巍　杜侠伟　王雪松
景观设计：何 鑫　曾杰烽　丁 磊
　　　　　李鸿基　张进省　李花文
　　　　　梁巧会　王 月　李雨倩
　　　　　廖勐乙　蒋婷婷　杜瑞文
　　　　　顾 婧　方 召　黄百花
建筑设计：孙 震　杨智博　徐光耀
　　　　　赵 俊　赵 凯　金 戈
　　　　　金光伟　王涌臣　魏 伟
　　　　　张 帅　陈 浩
施工图：　李 斌　余 钢　李 晖
　　　　　殷 金　芦麒元
景观设计合作：中邦园林
文保建筑合作：吉林省城乡规划院

业主单位
长春市城乡建设委员会
长春城投建设投资（集团）有限公司

项目地点
吉林省长春市亚泰大街净水路

项目时间
设计：2016年7月—2018年3月
施工：2017年5月—2018年12月
开业：2019年1月

项目规模 35hm²

建筑面积 50000m²

项目背景

长春水文化生态园原址为始建于1932年的长春第一净水厂——南岭水厂。2015年，水厂结束了80余年对城市的供水服务，留下了35hm² 稀缺的生态和工业遗产。长春市政府、市建委以中长期区域发展整体价值为目标，放弃净水厂区短期内地块的地产开发价值，重视这个地块独特的历史和文化价值，并加以保护和利用，将工业遗产作为城市的公共资源进行重塑，从而适应新的城市发展需求。

露天沉淀池：生态休闲湿地由净水沉淀池改造而来，形成建筑、植被与水相互交融的环境

科创园区　121

原状描述

南岭水厂作为长春市二级文物保护院落，原有大概80多幢建筑，包括18幢伪满时期的保护建筑。厂区内原有六个沉淀池及五个清水池，都为混凝土结构，其中两个最大沉淀池深6m。原场地植物郁闭度很高，动植物丰富。之前作为净水厂是封闭管理的，市民无法入内。整个厂区道路边拥有很高的绿篱，杂草丛生，人很难在场地里停留下来，人和场地的关系也是脱离的。园区里的工业遗迹也根据工艺流程而布置在自然环境里面。

历史上的南岭水厂和改造前场景

设计理念

设计最大程度保留了原生态自然环境，最大程度尊重了历史痕迹，最大程度融入了当代生活方式。设计突出三方面特色，一是，以景观思维统筹了规划、建筑、景观、艺术装置等多专业；二是，景观设计突出系统性，形成了慢行系统、原址动植物生态系统、水生态自净化系统；三是，严格控制设计强度，突出功能性、人文感。

长春水文化生态园总平面图

更新策略

策略一：基于策划的地下水空间的再利用

蓄水池是园区的标志性遗址空间，现场情况比较复杂，地下空间和管道的情况很难摸排清楚。按照年代、历史价值、场地情况等要素进行分析，分为以下两种类型的设计处理方式。

人工干预：掀开顶盖，展现水池地下结构空间

低强度影响：保留地下池体结构，池体顶盖覆土再利用

策略二：景观化的雨洪管理系统

场地原有的池体管道除了净化水源以外，还是园区特有的雨洪净化系统。重新利用场地落差和池体，通过地表径流、雨水花园及池体净化系统，使整个园区实现自净功能。

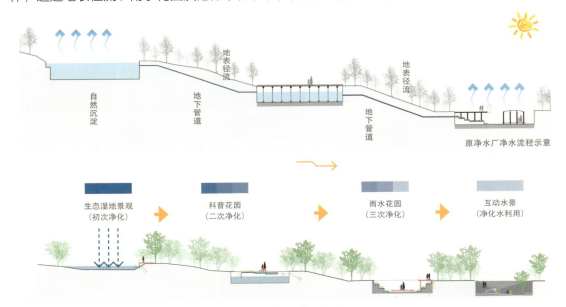
利用地形建立的雨洪管理系统

露天沉淀池

科创园区

策略三：慢行系统

结合原址动植物生态环境，严格控制设计强度，形成慢行系统，将场地原有的冲沟、建筑、森林、露天水池及城市界面有机串联，并植入丰富的社交场地，共同构建园区游览体系。

森林生态链接线，景观场所与自然环境高度融合

策略四：工业遗迹与自然的融合

尊重场地特性的设计，减少开发带来的二次破坏。自然的植物与工业建筑共同生长，生长的爬藤是建筑绿色的表皮。尽量保护原有的场地材料、场地特征，并且重复利用遗迹材料，让园区在新生中也能带有历史的痕迹。

风貌建筑的留存，修旧如旧

植物的原生状态，老建筑的历史肌理

实施效果

露天沉淀池前后对比

改造前的沉淀池

强化场地生态及工业记忆，最大限度地减少原生环境破坏

净水博物馆前后对比

文物保护建筑——第一净水车间

以还原为主，保护其历史原貌

更新意义

该设计通过对场地和城市带来积极而广泛的影响，使市民们获得了归属感与自豪感，并重新唤起了旧工业区和社区的活力，实现了人与自然环境、历史场地之间的和谐共生。与此同时，方案也为政府在改善旧城区和旧工业区居民的生活质量、治理环境以及调整产业结构等方面提供了新的思路。在公园开放后的六个月内，办公空间的租金稳步增长，社交团体活动也一直保持活跃。公园的建成不仅为市中心带来了难得的绿地，同时也标志着城市服务设施的进一步改善。随着经营模式的不断更新，该区域也必将成为城市更新过程中最具影响力的一环。

项目最大程度地保留了原始的生态环境、尊重了历史遗迹并迎合了当代生活方式

园区总体鸟瞰

上海市上生·新所城市更新

设计单位
荷兰大都会建筑事务所 OMA（一期）
欧华尔顾问有限公司 OVAL（二期）
华东建筑设计研究院有限公司（ECADI）

ECADI 设计人员
主创建筑师（传统建筑）：宿新宝
项目建筑师（一期）：
蔡晖　吴蕾　吴欢瑜　陈佩女
闵欣　苏萍　王天宇
项目建筑师（二期）：
吴蕾　吴欢瑜　王天宇　贡梦琼

业主单位
上海万宁文化创意产业发展有限公司

项目地点
上海市长宁区延安西路 1262 号

项目时间
设计：
2016 年 8 月—2017 年 12 月（一期）
2019 年 7 月—2023 年 3 月（二期）
竣工：2018 年 5 月（一期）
　　　2024 年 6 月（二期）
开业：2018 年 5 月（一期）

项目规模　4.7hm²

建筑面积　24074m²（一期）
　　　　　　36202m²（二期）

项目背景

上生·新所是以创意办公、商业文化为主的开放式街区，位于上海市长宁区衡复路、愚园路、新华路三个历史文化风貌区的交接地带，由三栋百年历史建筑、十余栋贯穿新中国成长史的工业改造建筑等共同组成。这里曾是上海生物制品研究所办公科研生产园区，通过改造更新以全天候公共开放街区的方式重新回归公众视野，成为上海城市有机更新的地标之一。

园区一隅

科创园区

原状描述

街区所在地块的历史可以上溯到 20 世纪初。1917 年，美国侨民在杜美路（今东湖路）50 号成立哥伦比亚乡村俱乐部。新中国成立后，地块作为上海生物制品研究所，是我国自主研发疫苗的科研和生产基地之一。设计进场时园区内存在大量不同时期、不同风格的建筑：既有 20 世纪二三十年代的历史建筑，也有 20 世纪 50 年代后大量建设的生产科研用房，到 2016 年已有建筑和构筑物 40 余栋。原上海生物制品研究所整体迁往奉贤的新厂区，延安西路的园区通过城市有机更新，开启了崭新的篇章。

修缮前园区内的历史建筑

设计理念

上生·新所项目从封闭的科研工业园区，转型为开放的商业、文化、办公功能复合的"城市客厅"，作为城市有机更新的典型案例，上生·新所的实践是从策划、规划、建筑设计与招商、运营管理等全方位、全过程深入地综合解决方案。运用城市有机更新这种相对柔和的手段，恢复和激发街区空间的活力。

修缮后游泳池内景

更新策略

策略一：多措保护，尊重历史文脉

对于地块内 40 余栋已有建筑，通过考证它们的初始设计、历次改建和现状情况，进行"留、改、拆"甄别，对建筑质量较好、具有一定风貌特色的建筑进行最大限度的保留，并通过建筑测绘和房屋结构质量检测的手段判断建筑再利用的可能性和改造代价。

哥伦比亚乡村俱乐部室内修缮后

策略二：新旧对话，强化多样性与特色

多样性是历史街区的重要特色。园区内不同时期的建筑虽然造型不同、风格迥异，但这正是其历史发展的实证，改造更新时注意保留了其多样性，避免因纯粹出于"喜新厌旧"的审美要求而进行整齐划一式改造。

修缮后的历史建筑和既有建筑

科创园区

策略三：激发场所活力，文化提升软实力

项目通过商业调研和定位策划，结合"15分钟社区生活圈"的规划理念，打造集合办公、商业、展览、休闲于一体的公共开放空间，为周边居民和更大范围的市民提供全年、全天候开放的街区。在功能转换和硬件提升后，个性化的运维管理也为聚集人气、激发活力提供了必要的支撑软实力。通过引进特色展览、室外音乐表演等方式，为街区注入互动和时尚的感官体验，成为街区活力释放的触媒。

泳池可兼做商业发布等活动

原体育馆也作论坛活动使用，研究所室内原培养基蒸锅间车间的除尘罩予以保留

实施效果

哥伦比亚乡村俱乐部修缮前后对比

孙科住宅修缮前后对比

更新意义

上生·新所城市更新项目从封闭的科研工业园区,转型为开放的商业、文化、办公功能复合的"城市客厅"。正是通过功能转换和运维管理激发活力,通过"留改"甄别保留街区肌理和人性化尺度,通过保持建筑多样性显示历史空间的文化魅力和人文气息。上生·新所一个园区的更新,也如同"城市针灸"般为整个番禺路新华路片区注入了新的活力,从而为更大范围的街区活化更新提供了更多机会与可能。随着上海城市发展模式的变化,中心城区内老旧工业、科研、办公园区转型更新的需求将更多地出现在人们的视野内,上生·新所城市更新项目正是这一阶段中一次值得剖析和借鉴的实践。

上生·新所二期总体鸟瞰

科创园区

商业旅馆空间

三官堂遗址保护展示

南京市花间堂·朱雀里

设计单位
东南大学建筑设计研究院有限公司
东南大学建筑学院

设计人员
主创设计师：韩冬青　沈旸　张旭
　　　　　俞海洋　穆勇　董亦楠
建　　筑：陈澎　谢冰　殷悦
结　　构：周广如　杨波　唐伟伟
　　　　　韩重庆　孙春丽
给水排水：贺海涛　程洁　王志东
电　　气：许轶　屈建球　周桂祥
修　　缮：沈华　范燕亮　李康
　　　　　刘庆堂

业主单位
南京历史城区保护建设集团有限责任公司

项目地点
江苏省南京市秦淮区

项目时间
设计：2019年1月—2020年5月
竣工：2021年2月

项目规模　0.35hm²

建筑面积　3997m²

项目背景

南京老城南小西湖街区是南京为数不多的保留了明清时期历史肌理的生活性街区。该场地原为城市管理执行者的办公场所，建筑老旧破败，用地低效，本次改造需综合处理古建筑遗址、历史建筑、安全性能尚可的旧建筑、危旧房等各类既有建筑，并在有效保护的前提下使之适用于新的功能业态。

沿马道街南立面

商业旅馆空间

原状描述

该场地原为城市管理执行者的办公场所，位于马道街、箍桶巷的路口，内有清代民居，周围房屋则是在20世纪50年代后的加建与改建。在最初的现场踏勘中设计团队发现了明代道观三官堂的大殿台基遗址，增加了改造的难度。整个改造主要包括保护展示遗址、修缮利用传统屋院、整治沿街房屋3个方面。

原始场地

小西湖历史风貌区

设计理念

建筑整体布局尊重城市历史肌理，并延续城市文脉的理念，主要体现在以大小院落组织建筑的格局，以及建筑以南北向的双坡屋顶单元构成。通过院落空间、景观设计，以及屋顶天际线等方面的控制，构建既能折射传统历史街区结构，又富有生机的内部空间和较为开放城市界面。

场地鸟瞰

沿街立面

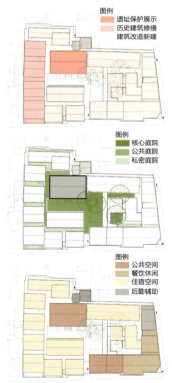
分区改造

更新策略

策略一：保护展示遗址

三官堂建于明永乐九年（1412年），弘治十四年（1502年）"回禄"（失火）重修。清理后的三官堂大殿（三官殿）台基印证了史籍记载，遗迹可推研木构以追古，并保护展示以溯源。悬覆一板，控温遮雨，板上"再造"屋宇。在慎重表达建筑属性的同时，传统寺观在城市生活中的多重社会属性尤需关注。

设计手稿

庭院望三官堂

三官堂遗址展示1

三官堂外廊

三官堂遗址展示2

商业旅馆空间

策略二：修缮利用传统屋院

遗址西侧的传统民居，因宅前道路拓宽拆除门屋，需在前后序列上分析各进厅堂，着重保护反映各屋等级差异的特征。

 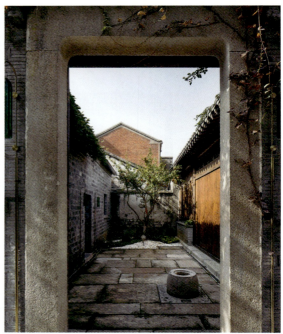

西侧巷弄　　　　　　　　　　　　　　　　　　　天井

策略三：整理沿街房屋

遗址东侧的沿街房屋，其局部肌理的历史演变呈现出清晰到模糊、有序到凌乱的特征，需提取变化历程中的底色，并适应新的街巷现状。

街景

实施效果

完成后的"花间堂·朱雀里"项目共有46间客房,分为南侧楼院、西侧民居、北侧条屋、东侧梧桐树间大房4类。路口转角处为餐厅独立入口,转角及北侧为餐厅,以西为酒店门厅。三官殿为茶室兼小型会议。外走车马喧闹,内坐桐台静好,赏树花,论古今,地块的多重历史功用在现代生活中恢复、演变、继续。

三官堂遗址前后对比

三官堂遗址初勘

三官堂遗址展示与利用

更新意义

"花间堂·朱雀里"的改造建设项目,综合处理了各类既有建筑,并在有效保护的前提下使之适用于新的功能业态。有效盘活了城市节点,起到了城市更新中的触媒作用,通过现代的设计手法,让传统复兴和现代演绎同步发生。

总体布局以院落层次为空间结构,将现有内院与三官堂作为内部核心,四株法桐作为点睛之笔,构建了主院、巷道、院落和景观平台的空间层级,形成新老交融、和谐共生的新城市底图,并进一步提升老城南核心地段的城市风貌。

三官堂前自西望东

二层平台自东望西

连接南北的敞廊

商业旅馆空间　139

中庭

北京市中坤广场

设计单位
中国建筑科学研究院有限公司

设计人员
总　顾　问：肖从真　孙建超
主持建筑师：王祎　王军
项目负责人：卢建　丁玲　倪海
建筑创作：于淼　于银　曾俊植
　　　　　邹自珍　鲁金玉
室内创作：于淼　于银　曾俊植
　　　　　焦阳
建　　筑：丁玲　高琦　马聪聪
结　　构：姜鎏　陈奋强　武娜
　　　　　任国飞　唐艳芳
给水排水：张铁军　王晓静　李鑫刚
暖　　通：冯帅　白思彬　贾昕韵
电　　气：李玉龙　姜新超　金海生
室内设计：高鑫　于淼　任远
　　　　　刘明豪　李科良　焦阳
幕　　墙：周极松　刘京卫
项目管理：王祎　卢建

业主单位
北京中坤长业房地产开发有限公司

项目地点
北京市海淀区北三环西路

项目时间
设计：2019年4月—2020年7月
施工：2020年8月—2022年3月
开业：2022年7月

建筑面积 约380000m²

项目背景

中坤广场位于北京市海淀区北三环西路，总建筑面积约38万m²，其中地上约18万m²，地下约20万m²。改造前为四栋相对独立的商业综合体，包含商业、餐饮、教培、办公等业态。经过多年的使用及内部的局部改造，设计前内部空间混乱设施老旧。内部空间的无序及业态的混乱加之经营不善，建筑及场地的利用率极低，对内城市空间浪费，对外城市形象较差。

改造后的中坤广场作为满足约2万人的超大规模办公场所，对内需解决基础的办公空间流线需求；对外则需要打造宜人的城市空间与良好的建筑形象。

建筑外观

商业旅馆空间

原状描述

改造前的商业建筑类型与办公的空间需求形成了设计中的天然矛盾。改造项目通过重新整理场地，规划现有平面使其满足现代办公便捷、高效、简洁的空间及流线需求和高品质的内外部空间，重新梳理建筑消防逻辑在满足现行规范的同时最大限度地避免面积的浪费，加强建筑的安全系数与整体性能，从多个维度使旧建筑重新焕发新活力。

改造后的建筑需同时满足 2 万人同时办公，人员密度巨大，四栋单体组合单层近 3 万 m²，超大尺度的平层造成办公空间的舒适度不足。商业建筑核心筒多数位于建筑边界，与办公所需的自然采光与通风相悖，且相较于办公建筑，商业空间要求更多的疏散宽度，多余的疏散楼梯间造成了面积的浪费。建筑整体被市政道路分为东、西两区，带来的联通问题加剧了交通动线的复杂性与混乱性。

除去功能置换的问题，中坤广场经过多年的使用以及后期的经营不善，整体形象陈旧破败，周边场地缺乏统一的规划，易造成局部的交通拥堵。

改造前现状

设计理念

改造项目从功能的置换与城市空间形象的升级为出发点，希望通过改造设计让建筑满足新的使用需求，形成对既有建筑的合理高效利用。同时，通过更新改造提升项目的整体价值，为周边提供更优质的城市空间；多业态的植入一定程度上满足了周边市民的生活休闲需求，并带动整个区域的发展。

沿三环立面改造中

与周围环境对比

沿三环立面

原有廊道

| 更新策略

策略一：空间整合

针对建筑原始平面的不足，在设计时从以下几个方面同时着手。

1. 从建筑群组连接层面，梳理原有连廊位置，从便于联系、缩短流线的角度进行拆除保留与新建。
2. 从单体内部层面，梳理原有建筑中庭，从中部打开洞口，解决大进深造成的自然采光缺少与舒适度低下的问题。
3. 拆除多余的疏散楼梯，将原有楼梯间作为办公辅助空间加以利用。同时增加电梯数量加强竖向交通联系，避免过长的平面动线。
4. 办公主体空间成组团式布置，组团间配备会议洽谈、茶水间、卫生间等功能，就近解决日常高频次的办公需求，避免流线的穿插。

改造前后平面对比

策略二：外部城市形象的更新升级

从多角度出发重新对场地与建筑进行分析。分别针对近人尺度与城市尺度采用差异化的设计手法。二至四层从北三环车行角度考虑，采用大尺度的建筑手法形成形体的语言变化。首层则侧重考虑行人尺度的舒适度。

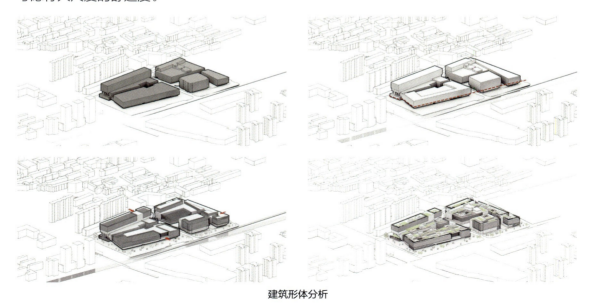

建筑形体分析

商业旅馆空间 143

外立面引入双层幕墙保证内部的舒适度与建筑的节能性。通过对建筑暖通能耗的分析，加强了自然通风的绿色技术措施。玻璃幕墙采用双层外呼吸幕墙，即使电力供应被中断时，依然可以保证室内最低需求的通风换气，为建筑节能和改善室内微气候带来巨大潜力。此外，利用既有的平面形态与单双层幕墙的差异形成立面语言变化，保证了城市界面完整性。双层幕墙中空设置了景观绿植，进一步加强空腔对室内空间温度调节的能力。而立面的绿植也成为景观设计的组成部分之一，从地面、下沉广场、建筑立面、屋顶花园等多种维度打造景观体系，丰富城市活动性与观赏性空间。

双层幕墙

策略三：结构加固

对结构的加固是改造项目的重中之重。方案设计时将加固方式与构件位置纳入思考之中，在保证结构安全、功能合理的前提之下，构件的裸露表现了建筑原始的力量美学，凸显出改造空间的独特魅力与新旧对撞的空间体验。

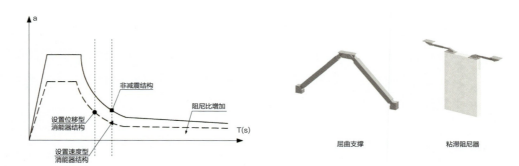

消震原理与构件的选择

室内屈曲支撑

实施效果

外部前后对比

陈旧破败，交通混乱　　　　　　　　　　　　　完整的城市界面

内部前后对比

缺少自然采光　　　　　　　　　　　　　　　　内部空间优化

更新意义

作为海淀区"十四五"中关村科学城创新发展战略的"开路先锋"，中坤广场装修改造项目升级建筑功能，重塑城市杂乱区域；地铁一体化工程织补城市公共服务需求。本项目的落成，抖音等互联网办公入驻，为城市营造科技文化共享圈、提升人才吸引、吸引社会资本、激发市场活力提供了充沛的动力。

建筑外部空间

商业旅馆空间

北京国际俱乐部改扩(新)建实录

北京国际俱乐部大厦

设计单位
香港华艺设计顾问（深圳）有限公司

设计人员
项目总负责：陆 强
工程设计负责人：万慧茹
建　　筑：钱宏周　杨 帆　黄婷婷
　　　　　周戈钧　黄鹤鸣　何妮娜
　　　　　王 娇　常 莹　张 涛
　　　　　赵海涛　刘 超　陈俊宇
总　　图：陈石海
结　　构：肖 泰　严力军　魏延超
　　　　　梁 立　刘海东　王兴法
　　　　　刘 俊
给水排水：雷世杰　芮琳娜　吴静文
　　　　　陈 露　王佳琪　曹 平
　　　　　谢 华　王 恺
暖　　通：郑文国　李 琼　石 磊
　　　　　蔡 浩　额尔登巴图
　　　　　傅德辉　凌 云　李雪松
强　　电：刘连景　龚 杭　沙卫全
弱　　电：刘相前　傅永平　田惠环
　　　　　陈柳莹
智 能 化：吴志清　曹 焕　何 雁

业主单位
北京国际俱乐部有限公司

项目地点
北京市朝阳区建国门外大街 21 号

项目时间
设计：2014 年 9 月—2016 年 12 月
竣工：2019 年 8 月

项目规模 0.47hm²

建筑面积 75726m²

项目背景

北京国际俱乐部大厦始建于 1972 年，初次建设内容包括网球馆及老办公楼。北京国际俱乐部网球馆是国内第一座对外运营的室内网球馆。1985 年，时任国务院副总理的万里在此和来访的美国副总统老布什交锋，这场"中美网球双打对抗赛"后来被人评价成"网球外交"。几十年来，北京国际俱乐部被称为国际友人的"第二故乡"。2007 年北京国际俱乐部被列入北京市文物局和北京市规划委员会公布的第一批《北京优秀近现代建筑保护名录》。北京国际俱乐部大厦是重要历史建筑，此次改扩建工程，为解决新增的外交服务功能需求并满足保护建筑不能改变外立面原状的要求，在原有俱乐部建筑组团基本格局不变的前提下，在现状网球馆及停车场位置改扩（新）建一栋综合楼作为外事服务用房，复建网球馆提升其设施功能，保持原有建筑风貌，同时与项目主体结构相连于北京国际俱乐部西侧。

北京国际俱乐部改扩（新）建后实景

商业旅馆空间

原状描述

在多年的发展中，北京国际俱乐部有限公司陆续在北京国际俱乐部大厦用地内添建了一幢甲级写字楼、一幢高档饭店和一幢高档服务式公寓式酒店及康乐中心，形成了集办公、住宿、会议、康体健身和餐饮等于一体的现代化综合场所。如今，原有建筑规模、功能配比及局部设施标准已经不能满足其所担负的外交服务使命。

北京国际俱乐部历史照片

设计原则

设计过程中着重对原有建筑的保护及新老建筑的衔接问题进行考虑。新立面材质、色彩选择上尽量与原建筑匹配，并注重立面细节在比例、尺度上的延续。同时，利用此次更新的建设契机，重新梳理片区的交通组织，与城市规划建设对接，提升片区的道路品质。

原则1：新旧建筑和谐共生，历史与现代高度融合。

原则2：充分尊重原有历史现状，力求长安街沿街形象的延续性，适当结合新楼功能以及现代工艺，打造东长安街的地标性建筑。

原则3：集约布局，释放景观公共空间。最大化降低对原有场地的影响，改善空间景观环境。

原则4：以先保护后利用为原则。保留原网球馆外观，将功能重塑并提出传承、融合的设计理念。

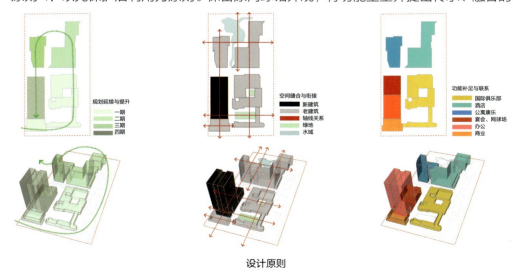

设计原则

更新策略

策略一：公共参与指导

项目在对待历史建筑的态度上，尊重历史，保留老建筑，保留传统文化，设计时充分征集周边单位意见，外交部、瑞吉酒店、网球界体育人士均参与到建设保护意见征询中，首都规划建设委员会、崔愷院士也在设计过程中给予了保护设计指导意见。建成后，项目已和长安街建筑群体一同在中华人民共和国成立70周年阅兵典礼上献礼亮相。

崔愷院士现场指导设计

策略二：整体格局保护

项目着重考虑对原有建筑的保护及新老建筑的衔接问题，对国际俱乐部大厦地块进行整体统筹。在规划上延续俱乐部一、二、三期的合院式理念，在原样复建网球馆西、南、东三侧外部立面的前提下，对网球馆进行内部功能重塑，并考虑充分利用其地下空间；在功能上与原有建筑形成互补，巧妙处理与旧建筑的关系，体现北京国际俱乐部文化、艺术、科技等方面的精神内涵。

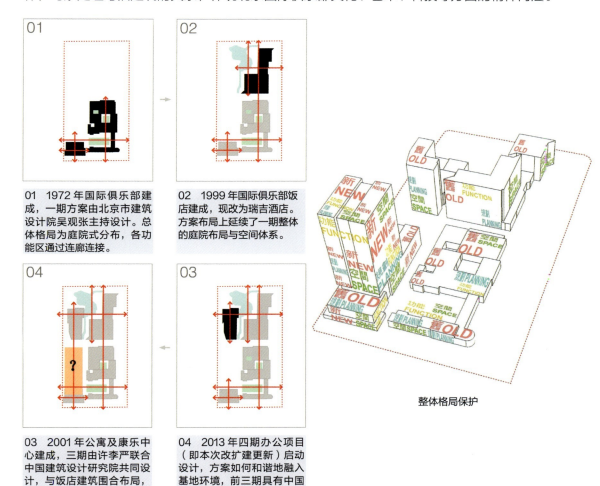

01　1972年国际俱乐部建成，一期方案由北京市建筑设计院吴观张主持设计。总体格局为庭院式分布，各功能区通过连廊连接。

02　1999年国际俱乐部饭店建成，现改为瑞吉酒店。方案布局上延续了一期整体的庭院布局与空间体系。

03　2001年公寓及康乐中心建成，三期由许李严联合中国建筑设计研究院共同设计，与饭店建筑围合布局，在整体上延续了庭院布局的大关系。

04　2013年四期办公项目（即本次改扩建更新）启动设计，方案如何和谐地融入基地环境，前三期具有中国传统格局的庭院布局是重要设计依据。

整体格局保护

商业旅馆空间

策略三：空间传承融合

项目遵循"传承、创新、融合"的设计理念，整合了周边紧张的场地环境，集约分配各功能块，化解场地压力，以先保护后利用为原则，保留原网球馆外观，将功能重塑；宴会厅与网球馆叠加布置于用地北侧，节约用地，在功能上通过首层及地下加强与瑞吉酒店群的立体衔接；商务金融用房避开原网球馆的沿街立面，尽量布置在用地南侧，最大化退让北侧现有建筑，营造舒适的空间环境。项目通过空间上重组利用，完善了瑞吉酒店的配套功能，并重新梳理融合了新旧建筑的交通组织，保证新旧空间的协调融洽。

原建筑场地用地紧张

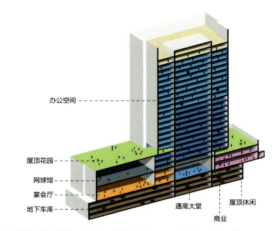

新建建筑功能以办公为主，辅以宴会厅、网球馆、商业等，以完善国际俱乐部配套设施

策略四：立面以新复旧

项目立面主要分为南侧原有网球馆立面、北侧新建裙房立面和办公塔楼立面三个部分。立面设计以简洁明了的建筑形体，体现对原有建筑的尊重，以干净利落的竖向肌理，形成对原有建筑的呼应。项目先对原有旧建筑和复旧方案的立面进行分析研究，归纳复旧设计的要点、难点，然后对现在新型的建造技术进行深入考察，对不同构造手段、施工工艺进行研究分析，落实设计方案，以先保护后利用为原则，确定适合项目的建筑构造以及施工工艺，用新技术、新构造最终实现以新复旧，新旧统一。

马赛克瓷砖（旧）

预制白色方格砖（旧）

立面柱子（旧）

挑檐（旧）

新立面中，在进行了多体系设计及实体样板比较后确定方格砖实施方式；立柱及栏杆等采用现代的荔枝面石材幕墙做法回应旧建筑的水刷石工艺

实施效果

网球馆外立面设计新旧对比

三段式立面格局　　　　　新网球场复建外立面部分充分尊重原有历史现状，力求长安街沿街形象的延续性，同时也适当结合新楼功能以及现代工艺，对外立面做微调整

室内功能环境更新对比

原网球馆室内　　　　　更新后的网球馆室内

更新意义

北京国际俱乐部大厦经过改扩（新）建后以全新面貌呈现，成为长安街的标志性建筑。改扩（新）建工程不仅保留了历史建筑的遗产性价值，还实现了建筑的更新利用。

1. 遗产性价值

北京国际俱乐部大厦见证了中国外交的发展和辉煌。改扩（新）建工程通过新旧建筑的和谐共生，体现了历史与现代的融合。设计上，项目尊重并保留了老建筑的传统文化，融入了窗格骨架等中国特色元素，为长安街历史风貌增添色彩。技术上，运用现代工艺实现"拆旧复旧"，对历史建筑复旧设计起到了示范作用。社会情感上，通过规划和功能的延续与提升，唤醒人们对俱乐部"网球外交"的精神回忆，促进了时代精神的再塑造。

2. 更新利用价值

更新后的北京国际俱乐部大厦在环境价值上提升显著，其位于东长安街，靠近天安门，承担城市面貌展示作用。内部采用无柱开放式设计，提供灵活办公空间。技术改造包括绿色智能系统如冰蓄冷、VAV空调、雨水回收等，获得LEED金奖和绿色建筑2星标识，彰显环保和可持续发展理念。项目在保留原有建筑的基础上进行了合理拆除和新建，形成了历史与现代融合的建筑全貌。功能上，完善了酒店配套，恢复了网球场功能，承接官方国际会议，为政府、使团、国际组织提供服务，社会反响良好，更新后该建筑继续在城市经济和社会发展中发挥着重要作用。

各国使节一起举行奠基仪式　　裙房立面改造　　塔楼扩建　　项目落地

无锡江南大悦城光电玻璃幕墙改造

项目实施单位
深圳市晶泓科技有限公司
广东坚朗五金制品股份有限公司

光电玻璃幕墙设计
林谊 白宝萍 陈龙 耿飞

项目管理
李银兵 温民辉

业主单位
无锡博大置业有限公司

幕墙施工单位
美巧建筑（上海）有限公司

项目地点
无锡蠡湖大道与高浪路交叉口

应用产品
NE40 光电玻璃

项目时间
设计：2021 年 6 月
施工：2022 年 10 月
开业：2023 年 5 月

项目面积 850m²

项目背景

96% 的招商率、92% 的整体开业率，无锡江南大悦城在开业首日便取得总客流超 10 万、销售额超 800 万的优异成绩，实现中粮大悦城 2023 年首个开业项目业绩开门红，递交出一张足以闪亮开区乃至无锡市改造升级的高端"商业"名片。

无锡博大摩登 1930 广场（无锡大悦城前身）

商业旅馆空间

设计理念

根据大悦城的战略要求，改造内容包括强化出入口，增加玻璃幕墙建筑。商场主入口处改造成拥有超高颜值的"光电玻璃钻石立面"，净高30m，是华东首创的双钻玻璃发光体。

引人瞩目的无锡江南大悦城钻石体，由晶泓科技LED光电玻璃NE系列与数字内容强力打造，面积达850m²，简约、时尚、梦幻，给人带来无与伦比的视觉享受。

光电玻璃钻石立面设计

更新策略

设计希望让"大钻石"摆脱铝板、型材的束缚，结构之间的连接更加轻透纤细，展现出独有的钻石纯粹与质感，进一步贴合其自带气质标签的"多元青年能量场"。

立面细部

该"钻石体"采用全明框构件式光电玻璃幕墙系统,光电玻璃面板通过结构胶粘接于铝合金副框上,再通过压块及螺钉与钢龙骨固定;电源及控制系统隐藏设置于铝合金副框内,以确保整体视觉效果不受影响,不点亮时与常规玻璃幕墙协调一致。

全明框构件式光电玻璃幕墙系统

钻石幕墙结构造型十分复杂,板块形状种类繁多——33种不同几何形状、76种结构定制、410个板块组成,其中包含三角形、菱形、矩形、梯形等几何形状。光电玻璃需要克服较多异形下的设计、生产及施工等难题。

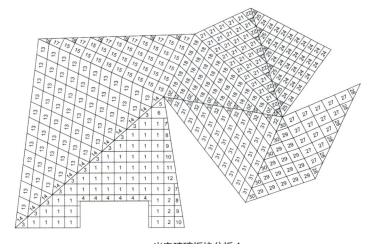

光电玻璃板块分析1

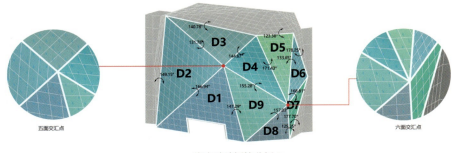

光电玻璃板块分析2

商业旅馆空间　155

技术与作业交底卡

严格把控

周期紧是该项目的一个难题。为了保证本项目能高质量完成，项目团队在生产和施工过程中，分别针对产线班组和施工班组进行面对面的生产作业交底及施工技术交底，将生产和施工过程中需要着重关注的重难点进行讲解指导和管控，减小出错、提高质量、排除隐患，保证项目的顺利实施。

无误差安装 1

无误差安装 2

转角精益处理 1

转角精益处理 2

智能制造

智慧化信息管理系统

晶泓信息管理系统 NOS

大尺寸光电玻璃面板

面对这样一个复杂的系统工程,需要统筹兼顾复杂的生产工序、繁多的物料数量,项目团队通过智慧化信息管理系统,提高运营效率。

异形画面调试

软件调试

视频定制

系统调试、软件控制画面拼接是项目要攻克的又一大难点。软件上要能根据像素点坐标系精准定位,保证异形大钻石9个面能独立显示,能组成一个完整的画面,还要精确计算留空位置来设置屏体的整体电路图。项目采用设计团队自主研发的播控系统和异形拼接的调试软件,完美解决异形画面拼接显示难题。

更新意义

在城市更新与商业更迭交汇的节点,无锡江南大悦城的焕新出道无疑将为无锡这座城市带来更优质的品牌业态和购物体验,进一步推动无锡商业格局的综合提升,其对于旧项目的改造也是一次非常高效能的供给侧更新。

在商业不断迭代的当下,无锡江南大悦城用敢于彰显个性时尚、崇尚社交、倡导多元化生活方式的设计水准,让老项目焕然新生,使之更贴合无锡年轻客群,有望成为潮流青年的聚集地和新兴中产邂逅精致美好生活的最佳场所。

实景

商业旅馆空间

改造后沿街实景

外立面改造后效果

成都市诚友苑宾馆更新改造

设计单位
中国建筑西南勘察设计研究院有限公司

设计人员
设计指导：孙 静
建　筑：张 力　黄 丹　曾冠森
　　　　　胡 旭　王 欢　段连华
　　　　　卢孟君
结　构：易占德　蒋忠宏　陈链奎
　　　　　沈科友　韩徐扬　杨仁松
　　　　　汤丰锴
给水排水：钟天炜　刘 祥
暖　通：梁村民　杜城显　李岚溪
电　气：先德清　黄 鸿　黄佳丽
项目管理：周毓宣

业主单位
成都融通望江宾馆有限责任公司

项目地点
四川省成都市武侯区衣冠庙洗面桥街16号

项目时间
设计：2022年5月—2023年5月
施工：2023年6月—2023年12月
开业：2023年12月

项目规模　0.86hm²

项目背景

诚友苑宾馆更新改造项目位于四川省成都市武侯区洗面桥街16号。原宾馆于1994年3月开业，2017年9月关停闲置。本次更新改造涵盖内部功能提升、室内装修、外立面重建及外部环境提升。更新改造后的诚友苑宾馆将成为武侯区城市核心地段的精品商务酒店。

改造鸟瞰效果图

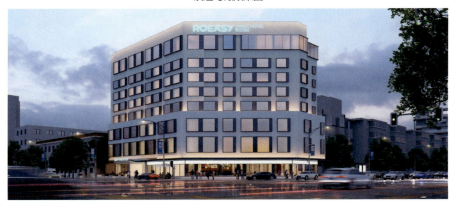

改造沿街透视效果图

商业旅馆空间

原状描述

原宾馆建成已经30年，外立面存在破损老化、保温隔声性能缺失等问题，另修建年代较早，立面形式语汇杂糅过时，无法满足当代城市精品酒店对外观的要求。部分楼层层高过低，空间局促，内部功能空间单一，难以适配现代化的酒店功能需求，此外，存在疏散楼梯宽度过窄等消防隐患问题。

项目原始现状

设计理念

设计总体考虑简化建筑形体，统一立面材质，通过韵律化、标准化的立面语言，创造一个简洁而强有力的形象，使其从周边环绕的杂乱混沌中脱颖而出，并唤起一种秩序感。内部单元化的客房反映到外部，通过韵律化、标准化的立面语言，在街角创造一个简洁而强有力的形象。

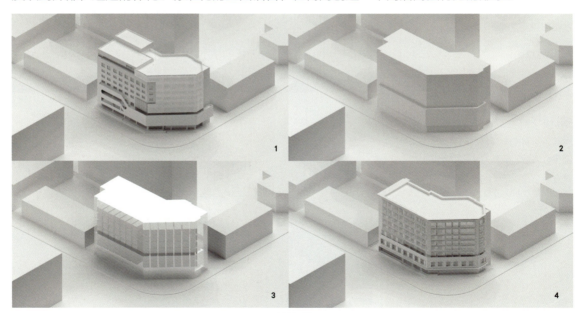

改造逻辑

更新策略

策略一：动线区分

调整原有大堂出入口位置，将其置于城市次要干道，方便泊车下客同时减少对城市交通干扰。充分利用内院空间组织后勤流线及停车，客人流线及后勤流线相互独立、互不干扰。增设消防楼梯及电梯兼作后勤垂直交通，形成高效便捷的服务动线。

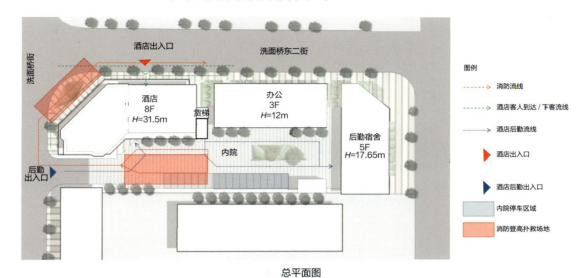

总平面图

策略二：立面重构

拓宽原有窗洞，植入新的单元外窗，以大块面的单元窗系统满足现代城市酒店对客房采光及视野的需求。以简洁的墙面和韵律感的开窗方式形成极具辨识度的立面语汇，让建筑内部与周边环境产生对话。保留部分窗间墙，新建地台，通过单元式的落地凸窗，最大化客房内景观视野，同时在外立面上形成富有变化的阴影关系。

立面拆改重构分析

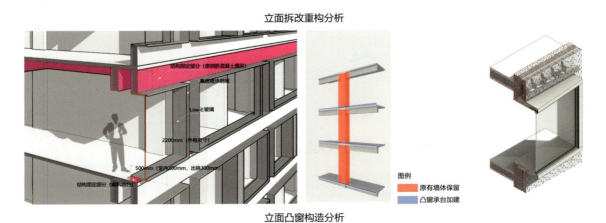

立面凸窗构造分析

商业旅馆空间　161

| **更新策略** | **策略三:完善机能** |

设计考虑对底层楼板进行降板,增加层高的同时减小酒店与城市步行道路之间的高差,以开放的姿态纳入城市生活;对底层结构进行局部加固以满足现代酒店设施荷载,同时在建筑外侧新增消防楼梯电梯,消除安全隐患,兼作后勤通道。原客用电梯未到顶,通过楼板开洞将电梯升顶,满足便捷使用。

首层降板增加大堂层高

客梯升顶

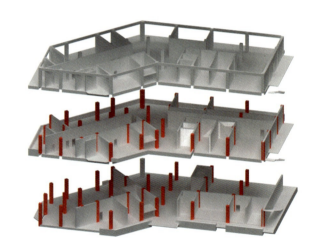

底层结构柱加固

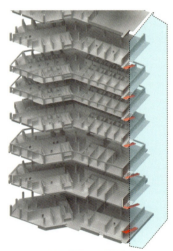

增建消防楼梯及电梯

改造后立面凸窗细部

实施效果

改造前后对比

立面老旧,缺乏昭示性
功能缺失,存在安全隐患(改造前)

立面焕新,简洁富有秩序感
配套完善,安全舒适(改造后)

改造前后设施面积对比

设施面积	商业	酒店	客房数/个	停车位/个	会议室	餐厅	健身
改造前/m²	2469	6120	76	0	328	225	0
改造后/m²	437	8152	116	12	106	346	85

更新意义

诚友苑宾馆更新改造项目,尝试在老城区繁杂的背景当中建立一种秩序,通过城市节点的更新激发老城面貌的焕新。设计根据内部功能由内向外的发生逻辑,延续城市作为有机体新陈代谢的生长方式。通过对原有建筑在空间、色彩、形态、结构等层面的重构,完成旧有躯壳的蜕变与重生。改造希望通过简洁有力的形体,从周边的杂乱混沌中脱颖而出,但同时借助透明的橱窗,形成内部与城市周边环境的对话。期望建筑更新后成为老城街角的一个地标、社区生活发生的一个容器。

改造后酒店入口

改造后内院透视

商业旅馆空间

文化空间

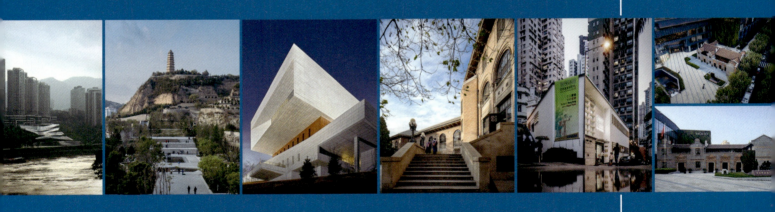

鸟瞰实景

重庆市规划展览馆迁建项目

设计单位
中国建筑设计研究院有限公司

合作设计单位
中煤科工重庆设计研究院（集团）有限公司

设计人员
设计主持：崔愷　景泉　徐元卿
设计团队：李健爽　张翼南　李静威
　　　　　颜冬　廖望　耿碧徽
　　　　　杜永亮　张婕　张泽群
　　　　　施泓　马玉虎　张晓旭
　　　　　朱燕辉　税嘉陵　王陈栋
　　　　　谷一弘　林波
合作团队：薛巍　康骏　刘小楣
　　　　　马飞　荣亮　唐忠军
　　　　　代碧伦　曹星　吴天顺
　　　　　张然　殷宁　夏小凌
　　　　　陈春晖

业主单位
重庆市规划展览馆

项目地点
重庆市南岸区南滨路 131 号

项目时间
设计：2020 年 3 月—2020 年 7 月
施工：2020 年 7 月—2021 年 10 月
开业：2022 年 4 月

项目规模 5hm²

建筑面积 17000m²

项目背景

重庆市规划展览馆迁建项目（以下简称规划馆）选址于长江滨江带弹子石广场南侧，处于长江与嘉陵江交汇处，与朝天门码头、重庆大剧院隔江相望，位置极佳。作为南滨路 1.3km 城市会客厅的起点，规划馆将带动南滨路滨江地段的整体城市更新工作。

重庆市规划展览馆项目区位分析图

文化空间

原状描述

高速发展的城市化进程，使本项目周边特有的山水格局逐步丧失。项目由既有车库改造而成，原建筑阻隔不同标高的道路衔接，且体量集中封闭，风貌有待提升，气候适应性差。

在朝天门来福士楼顶看原建筑

在原建筑屋顶看两江交汇

设计理念

改造项目以"不搞大拆大建"为前提，因地制宜，以绿色生态本土理念为抓手，深入挖掘当地文化脉络，将山水特色转换为技术特色。基于现存闲置车库建筑，梳理功能，复合空间，结合提升。此外，关注建筑与周边公共环境一体化的城市更新关系，以使规划馆真正成为"市民的空间""市民的建筑"。正如崔愷院士所描绘"水流人流顺山去，山景城景入画来"，规划馆依山望水，展现"山城"与"江城"双重魅力的潜力。设计有序梳理原建筑弹子石广场车库与山体、道路的空间关系，将重庆地域空间进行提炼解读，在既有建筑上加建如"山城步道"公共步行体系，并以展现"山城屋檐"意向的金属外幕墙为步道遮阴，建设绿色、共享、地域多重表达的展馆。

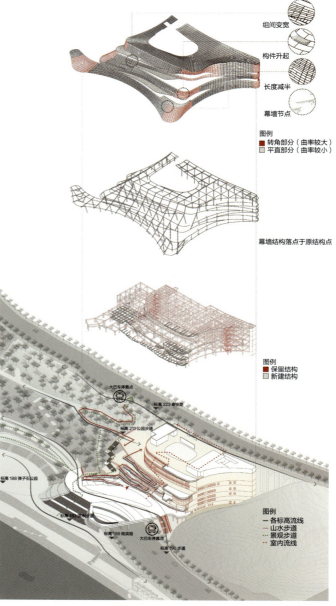

幕墙下部成为观览城市的写意景框

规划馆结构与流线关系

更新策略

缝合山水：山城步道建立立体互联互通体系

通过梳理原建筑车库与山体、道路关系，加建"之字形"坡道、平台，构建山地公共空间游览系统。改造后的规划馆，在沿江面成为山地公共建筑空间的连接体，纵向打通由滨江步道到泰昌路的上山动线，横向串联弹子石广场周边绿地多标高慢行系统。

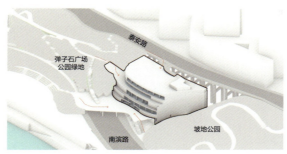
原建筑未能有效联系各方向人行动线

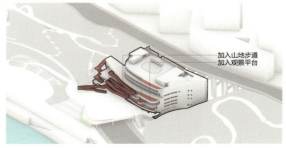
于临江面加入山地步道，构建公共空间游览逻辑

织补功能：活化存量空间利用

对原有功能进行提升，增加规划展示、外事接待、城市阳台等功能，真正发挥城市会客厅作用，撬动片区整体功能提升。合理控制加建量，改造设计尊重原建筑空间逻辑，充分利用室内原有通高空间，置入规划馆所需的大空间功能。

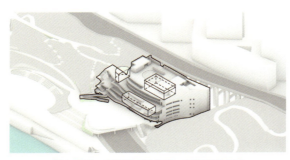
置入展览、会议等空间盒子，丰富建筑空间

观景平台

绿色低碳：优化气候适宜性

构建舒适的室外步行空间。重庆市夏季尤为炎热，而热湿气候区通风与遮阳措施是构造热舒适的主要设计措施。项目外幕墙既可改善室内外温度，为使用者提供舒适的观景空间；又降低空调运营能耗，从而实现低碳运营。

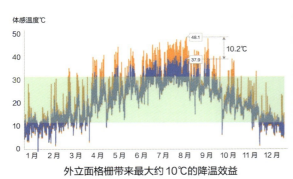
外立面格栅带来最大约10℃的降温效益

檐下步道

文化空间

文脉传承：以现代建筑语汇体现巴渝文化

"看与被看"相平衡，如丝如缕的金属幕墙使建筑从郁郁葱葱的环境中跳脱出来，如同一条潺潺溪流，闪闪发亮，从南山流向长江，通过开口、翻边等方式，形成重重叠叠的"山城屋檐"。檐下的"山城步道"曲曲折折，地面石板、外墙灰砖与金属幕墙等材质构成传统与未来的强烈对比，浓缩出鲜明的重庆特征。

曲面金属瓦幕墙　　　　　　　　　　"最重庆"中庭

结构加建：轻量化更新建造

结构设计结合原建筑体系，与原建筑 8.4m 开间的轴网相拟合，从而与原建筑结构、空间实现一体化。结构形态贴合幕墙基准面，将曲面幕墙结构设计为整体的空间结构系统。主支撑柱底部落于原柱点上，柱子临江方向偏移 15°，形成统一的结构空间序列。主幕墙柱上设置楔形梁，楔形梁靠近临江面及建筑室外平台一侧截面减小。

支撑柱从原结构柱定点搭建，倾斜15°，形态具有一致性　　主梁贴合基准面设置　　环形梁支撑　　加建结构依据原建筑 8.4m 柱网体系，拟合外幕墙曲面生成

技术革新：蜂窝铝板自由曲面幕墙设计

设置连续的曲面幕墙基准面，与建筑室外步行体系共同构成适宜的灰空间体系。为达到"流水"效果，需要采用光泽度较高的蜂窝铝板，故需改为平面板及单曲面板。在工期紧、加工难度高的情况下，实现复杂的"山城屋檐"幕墙效果。幕墙板构件设计实现幕墙构件、灯光构件一体化，在保证幕墙美观性的同时，提供了良好的夜景表现效果。

 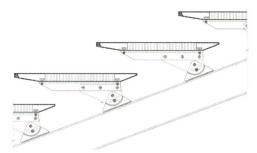

幕墙灯光效果　　　　　　　　　　幕墙构件、灯光构件一体化

实施效果

改造前后对比

| 改造前：江北嘴视角 | 改造后：江北嘴视角 |

改造前：首层平台　　　　　　　　　改造后：首层平台

改造前：泰昌路视角　　　　　　　　改造后：泰昌路视角

更新意义

自2022年4月底正式开馆以来，规划馆向游客全方位展现山水之城的独特魅力，受到了市民广泛好评，是"两江四岸"核心区整体提升的重要组成部分。基于绿色生态原则，从地域文化出发，将体量集中封闭的闲置车库建筑改造为南岸强识别性文化建筑，打造具有城市会客厅功能的展馆，充实了这一类别的绿色更新、生态实践、城市更新案例。建筑景观协调融入"两江四岸"核心区山水城市风貌之中，与对岸朝天门来福士、江北嘴大剧院共同构成新的重庆地域建筑群组。

夜景灯光　　　　　　　　　　　　　江岸视角

文化空间

项目鸟瞰

延安宝塔山游客中心

设计单位
清华大学建筑设计研究院有限公司

设计人员
主持建筑师：庄惟敏　唐鸿骏　李　匡
建 筑 设 计：盛文革　张　翼　许腾飞
　　　　　　陈蓉子　丁　浩　范娟娟
　　　　　　曾琳雯　常云峰　杜仕成
景 观 设 计：周　易　王昕明　张雪雷
　　　　　　廉大启　章丹丹　赵丽颖
　　　　　　李　卓　杨永强
结 构 设 计：贺小岗　蒋炳丽　杨　霄
　　　　　　王　力　杨镇荣　苗　磊
　　　　　　朱朵娥
机 电 设 计：刘建华　刘玖玲　徐　华
　　　　　　郭红艳　侯青燕　刘　杰
泛 光 照 明：徐　华　杨　涛

项目地点
陕西省延安市

项目时间
设计：2017 年
竣工：2019 年

用地面积 16hm²

建筑面积 36800m²

项目背景

延安，位于西北黄土高原，是中华文化的重要发祥地、中国革命圣地、首批历史文化名城。宝塔山是延安的标志和象征，是进行爱国主义、革命传统和延安精神教育的重要基地，也是延安最重要的旅游景区。宝塔建于唐代，是重要的历史文化遗产。由于历史原因，原景区缺乏保护，山体生态被严重破坏，对宝塔山的人文景观、自然风貌构成了侵害。2013 年 7 月，延安遭遇百年不遇持续强降雨自然灾害，导致山体窑洞大量坍塌，景区山体出现了严重的地质灾害隐患，影响到建筑遗产和周边民众的安全。为保护景区自然和人文景观，延安市委市政府计划保护提升景区环境，并修建延安游客服务中心，健全旅游服务、咨询、展览、旅游信息数据中心及停车等功能。

项目航拍

文化空间　　173

设计理念

缝合山水，修复生态

项目以"缝合山水，修复生态"作为设计的出发点，保留并修复场地内有价值的建筑遗存，让原有场地的记忆贯穿于整个设计中。针对滑塌的边坡、山体栈道、两侧岩石和窑洞滑塌等安全隐患进行加固处理，同时做好地质灾害治理、排洪及水土保持，以应对未来可能发生的灾害。在此基础上进行系统性的生态修复，重建受暴雨侵袭而支离破碎的山体生态，恢复景区环境原貌，极大地改善并提升了景区的环境品质及安全性。

正对宝塔中轴

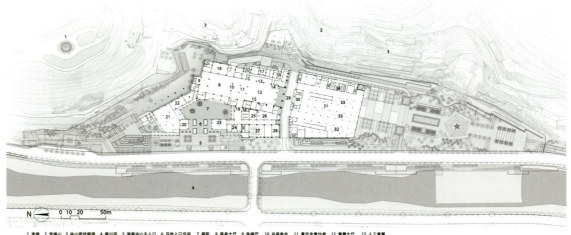

一层平面图

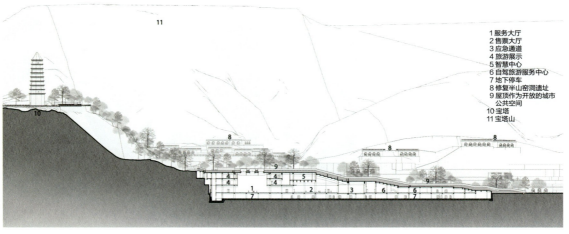

剖面图

建筑设计

地景建筑，融入环境

在宝塔山景区，山和塔是唯一的，是场所里最重要的标志，任何人工环境的营造都是为了更好地突出山和塔。因此，梳理宝塔山、南川河、城市与人四者的关系，建筑采用地景化的处理，作为山水缝合的媒介，完整地镶嵌于山水之间，而非仅仅是一个孤立的建筑。建筑主体消隐，屋顶空间与景观环境融为一体，作为由南向北面对宝塔山的礼仪性空间。南北贯穿的主要轴线，自南向北不断递进，依山就势，逐级而上，通过入口广场、开放空间、绿化庭院及景观水系的设置，营造纪念性、瞻仰性的空间格局和场所精神，更好地突显宝塔山作为中国革命精神标识的崇高形象。同时起伏连续的屋顶空间提供了大面积的绿化和广场，作为游客驻足、游览、交流、活动的重要场所，也提供了最具仪式感的参观路线，强化了游客的体验感。

入口

建筑新旧交融

立面

文化空间　175

技术创新

就地取材，延续文脉

建筑风格延续地域文化特色，保留并修复场地内的原有窑洞，与新的建筑融为一体。建筑主体西侧面向城市道路，采用层层退台的建筑手法，削弱建筑的体量感，与自然环境更加融合，同时呼应北侧保留的现状排窑，实现新旧建筑交融共生。主要建筑材料选用当地黄砂岩，采用传统工法密缝砌筑。土黄色砂岩石块由当地工匠手工雕凿砌筑而成，在延安当地强烈阳光的照射下，呈现出丰富生动的光影、质感及色彩变化。建筑的建造过程不仅保护并提升了当地传统建筑工艺，也为当地工匠提供了就业岗位，实现了良好的社会效益。

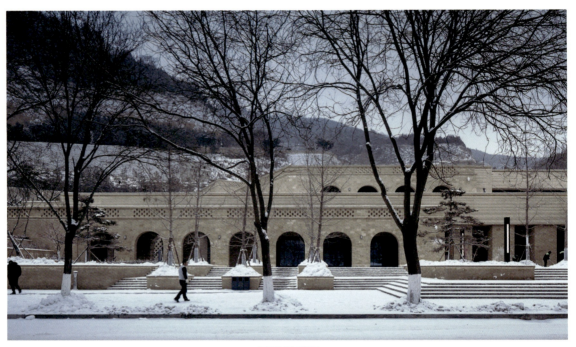

正对城市界面

城市界面夜景

航拍鸟瞰

实施效果

城景交融、公共客厅

建筑内部设置两处不同尺度的庭院，实现建筑与景观的相互渗透及室内外空间的过渡融合。建筑屋面与周边环境融为一体，专门设置了与游客互动的静水景观和绿地广场，宝塔倒映在水中，在一天的不同时刻呈现出不同的氛围和景象。通过不同层次的平台、广场和院落，大大扩展了游客的活动空间，增强了建筑与人的互动。大面积的广场空间也为市民提供公共活动的场所，成为深受喜爱的城市公共空间。

中轴水景

城市客厅

亲和宜人

更新意义

完善功能、服务大众

延安游客服务中心完善了宝塔山景区的服务及管理功能，不仅为游客提供旅游咨询、展示、休息、书吧、咖啡厅等服务，还是整个景区的智慧管理、宣传展示、应急指挥和运行监控的中心。地下停车场提供 400 个停车位，弥补了现状不足。

入口门厅

接待大厅

文化空间　177

东北向夜景实景

丹东市抗美援朝纪念馆改扩建工程

设计单位
中南建筑设计院股份有限公司

设计人员
设计指导：桂学文
建　　筑：杨春利　潘　天　毛　凯
　　　　　葛　亮　邵　岚　章生平
结　　构：李智芳　郭　锋
给水排水：吴江涛　胡颖慧　秦晓梅
暖　　通：王当瑞　高　刚　王春香
电　　气：李树庭　熊　江　陈　勇

业主单位
抗美援朝纪念馆

项目地点
辽宁省丹东市英华山顶

项目时间
设计：2014年8月—2015年10月
竣工：2019年6月
开业：2020年9月

项目规模 18.25hm²

建筑面积 29983m²

项目背景

抗美援朝纪念馆改扩建工程以原真性保留"地下指挥所旧址"、保护性修缮"纪念塔及其地下附属空间"与整合性改造"全景画馆"为改造策略，在原址新建抗美援朝纪念馆。园区总用地为18.25hm²，改扩建后总建筑面积约为29983m²，其中保留改造建筑面积为5474m²，新建建筑面积约为24509m²。新建纪念馆在纪念广场上2层，纪念广场上高度为16m，主要建筑体量结合山体山势、因地制宜位于纪念广场之下。

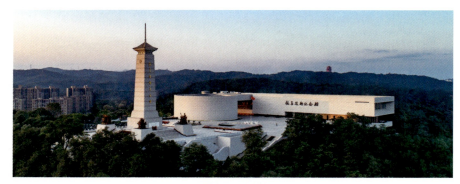

东南向航拍实景

东向实景

文化空间　179

原状描述

抗美援朝纪念馆园区由抗美援朝纪念塔、地下指挥所旧址、纪念馆、全景画馆和国防教育园5部分组成。自1993年投入使用以来，累计接待参观者约1200万人次。由于建馆时间早、陈列规模小、参观增量大、功能配置不齐全、基础设备老化等诸多因素，严重制约其作为全国首批爱国主义教育示范基地和国防教育基地的重要作用，急需对其更新扩容。

原状实景

设计理念

项目因地制宜、统筹规划，充分尊重保留建筑物、构筑物与自然山体及周边环境，通过利用山体地势高差合理分解建筑体量并向纪念广场下方发展，控制纪念广场以上建筑形态、体量、尺度，使建筑与山体充分融合，巧借山势，浑然一体，共同构成气势非凡的大地雕塑式、标志性纪念馆形象。通过纪念馆与室外广场、地形的有机融合综合设计，有机整合新与旧、建筑与环境的关系，重新构建馆、塔、广场、山体之间的秩序与层次，营造独特的场所感。

西向实景

| 更新策略 | **策略一：建筑与城市、山体、既有建筑和谐"一体化设计"** |

纪念广场上部建筑采取"一"字形布局，将新建纪念馆与圆形全景画馆连为一体，形成"L"形围合空间，提升场所精神；设计运用多种技术手段对建筑体量与高度反复推敲比选，控制纪念广场以上建筑形态、体量、尺度，兼顾纪念塔的竖向标志性和空间统领性。

建筑"半嵌入式"隐于山体之中，巧借山势实现建筑的自然采光与通风，突出强调由纪念塔统领的"十字轴线"，营造清晰、明确的空间秩序，使之成为主题突出、特色鲜明的国家级重大战争纪念馆。

一体化设计

策略二：因地制宜，顺应山势的大地雕塑——"和平的基石"

抗美援朝战争的胜利是新中国成立初期和平稳步发展的"基石"。建筑形体以"和平的基石"作为创意构思来源，建筑体量稳如"磐石"，方正厚重、简洁有力、主题鲜明地塑造纪念馆坚如磐石、气势宏伟的建筑性格；用雕塑化突显纪念性建筑的标志性。

园区布局采用自然式与几何式有机结合，依山就势，保留原有自然环境、原有空间格局与肌理。

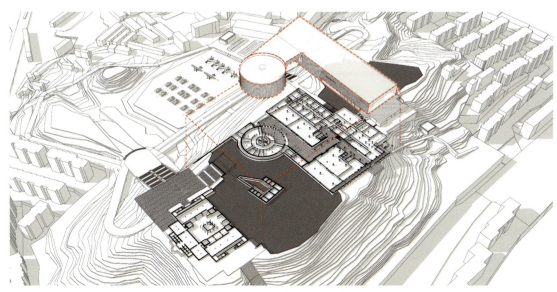

建筑"半嵌入式"隐于山体中

文化空间

策略三：流线清晰，空间有序的个性化功能空间 ——"纪念性场所精神"

设计综合利用地下、半地下空间，实现多维度、明暗空间的有机结合，一体化设计沉浸体验式展陈空间，突出特定战争纪念馆叙事性、体验性张力结构，并有效化解建筑规模压缩、展陈面积需求大的矛盾。

功能空间布局延续纪念广场南北轴线，个性化功能核心空间的"序厅"布置于端头，与主入口大厅紧密连接，空间上分合自如，形成轴线突出、主次鲜明、张弛有度的主题空间序列。

纪念性场所空间分析

策略四：建筑保护与利用的适宜化 ——"微创整合型改造"

功能空间衔接上，新建纪念馆与全景画馆衔接区域采用弧形采光天窗，形成光影变化的过渡空间，有机衔接新建纪念馆"Z"形公共展廊与全景画馆入口大厅，形成层次分明、分合灵活的空间序列。立面整合设计上，统一新旧建筑的高度，利用钢结构屋顶将新旧建筑有机衔接形成统一整体，自然生成室外多层次、趣味性的灰空间。保留其原真性与完整性进行加固改造，对有历史价值的"全景画"进行原地保护性修复，利用原有筒体区域新增一部无障碍电梯，改造成两部"螺旋式剪刀梯"，实现更新消防、节能、照明、隔声、隔热等适宜性改造的目的。

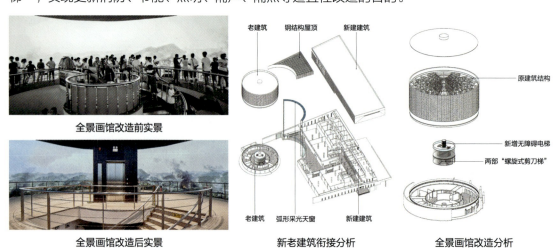

策略五：绿色技术与理念的可持续化 ——"适宜融合型绿色理念"

项目地处东北寒冷地区，设计采用规整紧凑的建筑布局，并以覆土建筑为主，节约土地资源和能源。建筑根据博物馆功能特性，以实体外墙为主，用材得体朴素大方。设计尽量保持原有地形、地貌、地势不变，减少工程土方量，同时更有利于山体植被的保留与保护。场地为山体地貌，地势平坦区域有现状景观荷花池。设计将雨水收集池、沉淀池与景观荷花池综合利用，既解决了荷花池的有效补水又做到了非传统水源的综合利用。

非传统水源综合利用示意图　　　　　雨水处理系统工艺流程图

实施效果

抗美援朝纪念馆前后对比

改造前实景　　　　　　　　　　　改造后实景

更新意义

抗美援朝纪念馆设置了约 8080m² 陈列展览区（包含基本陈列、专题陈列、临时陈列），约 1870m² 藏品区，约 4370m² 观众服务区等，提供旅游巴士停车位 30 辆，小轿车停车位 222 辆，园区内景观绿化进一步提升。有效解决地势复杂、用地限制大、参观量大，停车需求大等诸多难题。项目以现代简洁、稳重大气的建筑形式，因地制宜、依山就势、合理利用竖向标高形成地景式建筑，遵循"半嵌入式"隐于山体之中的适宜性理念，采用方正平直的造型特征、厚重石材和精致铜饰装饰材料展现雄浑大气、坚定稳固的革命信念，塑造我军"抗美援朝"光荣历史的展示和教育平台，打造品质隽永的百年建筑形象。

文化空间

主入口台阶

北京清华大学老图书馆修缮工程

设计单位
中国中元国际工程有限公司
北京北建大建筑设计研究院有限公司

设计人员
设计指导：汤羽扬
建　　筑：郭　红　何健飞
　　　　　苗保军　成　宇
总　　图：王国彬
结　　构：郑希明
给水排水：李鹏宇
暖　　通：胡　巍　杨永红
电　　气：苗小庆　李　玮
智 能 化：刘海华　郭　佳

业主单位
清华大学

项目地点
北京市海淀区清华大学校园内

项目时间
设计：2016年6月—2018年12月
施工：2019年10月—2023年7月
开业：2023年11月

建筑面积　7700m²

项目背景

清华大学老图书馆是第五批全国重点文物保护单位，是清华大学校园早期的重要建筑之一，一期始建于1916年，由美国建筑师亨利·墨菲设计，二期扩建于1930年，由著名建筑师杨廷宝主持设计；建成至今已近百年，出于文物保护和使用的需求，按照"修旧如旧"的原则，修缮工程主要进行了建筑整体修缮、机电设施提升、结构病害治理等工作。

主入口

文化空间

原状描述

清华大学老图书馆建成至今近百年来，从未按照文物建筑的要求进行过全面修缮，只是陆续对室内装修以及设备进行过维修改造。由于该建筑使用年限已过，结构、构造等均存在一定隐患，已经出现墙体裂缝、钢筋裸露、材料老化等问题，且其作为清华大学重要的文物保护建筑，其外观效果、机电设施等也不满足文物保护及使用要求，出现酥碱红砖墙、屋面瓦破损漏雨、构件破损缺失、窗棂变形等问题。

现状问题

设计理念

修缮设计遵循"修旧如旧"的原则，对文物建筑进行全面勘查，详尽梳理现状及损伤情况，尊重建筑原有结构、材料、工艺做法，避免修缮对文物本体产生不必要的扰动，最大限度保存文物建筑不同时代有价值的信息。

"修旧如旧"的原则

更新策略

策略一：采用可逆性的修复方式

在不破坏文物建筑原貌状态下，采用可逆的材料和技术，进行附加修缮，修缮后的文物建筑能够随时回到修缮前的状态，以便将来进行再修缮或调整。

修缮前　　　　修缮后　　　　修缮前　　　　修缮后　　　　修缮材料

a. 在墙体加固增厚后，保持原有复古门套不动，同型制开模复制二级套，与原门套完美衔接，保证整体效果　　b. 阅览室书柜加宽，两侧木装饰封修及紫棕颜色面层修复，整体完工效果保证了与老馆早期的学习环境一致

可逆的修复方式

策略二：根据复杂损伤类别，采用针对性的修缮方式

建筑已过使用年限，基础资料缺乏，文物损伤类别多，需现场详细踏勘针对性提出修缮方案。对重要节点进行测绘翻图，采用现代构造措施解决文物修缮中的构造问题。

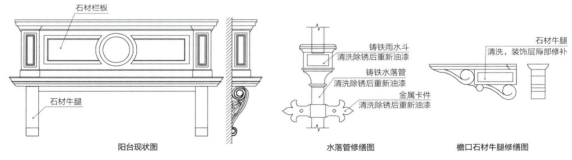

现状及修缮构造大样

策略三：去除使用过程中，与文物原貌无关的附加信息

梳理建筑在长久的使用过程中，人为增加的与文物原貌无关的附加内容，对其进行去除、修缮。

修缮前——后期增加的白色纱窗　　修缮后——纱窗与外窗颜色、形式统一　　修缮前——早期遗留的空洞、缺口　　修缮后——恢复砖墙原始外观

文化空间

策略四：在不破坏文物本体和风貌的前提下，提升机电性能

优化雨水排水工程，对内庭院、地下空间、室外场地采取措施，避免积水，造成不可逆损伤；对消防系统进行升级。对空调和供暖系统进行重新计算设计，更换先进设备，利用现有条件，不对原空间、装饰产生影响，提升使用舒适性。重新梳理路由，在不破坏原貌前提下采用二层物理结构，实现信息化；提升优化照明系统，选择合适的光源和色温，保持文物建筑整体照明环境。

内庭院、地下、室外雨水沟　　　　　　　　　　消火栓、书库排风、嵌墙暖气

室外多联机替代墙体分体机　　　　　　　　　凤凰厅室内照明

策略五：修缮设计中采用多项先进技术

利用现代技术对文物建筑中具有代表性的构件形制进行翻模，利用现代材料和材料生产工艺对文物建筑的部分材料进行复原，采用三维测绘技术绘制现状图纸，获取文物建筑真实信息；采用软件模拟对文物建筑消防进行性能化分析。

铜质雨落管翻模修缮前后对比　　线脚采集数据，3D 复刻　三维测绘，获取文物建筑真实信息　人工绘出石材质感

实施效果

修缮前后外观对比

修缮前外立面

修缮后外立面

修缮前后室内对比

修缮前阅览室

修缮后览室

更新意义

清华大学图书馆老馆修缮兼顾文物保护和使用的需求，最大程度地延续了原有格局，最大限度地保存了文物的历史信息，保留了建筑鲜明的时代特征，同时使文物建筑的病害得到治理，保障了建筑的安全，为文物建筑修缮提供了技术措施，对同类建筑修缮更新起到引领示范作用。

修缮后的图书馆老馆可以提供更加舒适、安全、高效的阅读环境，不仅是对建筑生命的延续，也是对历史和文化遗产的传承，让记忆在时光的冲洗中历久弥新。

主入口立面

旋转楼梯

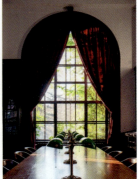
阅览室

文化空间　189

街景

香港新闻博览馆

设计单位
AD+RG 建筑设计及研究所有限公司

设计人员
设计指导：林云峰
建　　筑：林云峰　钟逸升
结　　构：周明权工程顾问有限公司
给水排水：成新（国际）有限公司
暖　　通：成新（国际）有限公司
电　　气：成新（国际）有限公司
工程测量：贝镭华顾问有限公司
建筑保育：普赛尔

业主单位
香港新闻博览馆有限公司

项目地点
中国香港岛中环必列者士街 2 号

项目时间
设计：2014 年
竣工：2019 年

建筑面积　1070m²

项目背景

香港新闻博览馆位于香港岛中环必列者士街 2 号，所处的中区是华人报业的发源地，多家早期报社都在这一带设立办事处。2013 年，香港新闻教育基金获香港文物保育专员办事处举办的"活化历史建筑伙伴计划（第三期）"的支持，推行活化必列者士街街市，发展为以新闻为主题的教育及社区促进中心。国际获奖电影《岁月神偷》曾在旁边的永利街拍摄，促进了保育此项目和社区活化的设计元素。（"活化历史建筑伙伴计划"是香港特区政府自 2008 年起推出的政策，政府向承办的非营利社会机构不定期提供拨款、象征式租金、补助金等财政援助，把政府持有的历史建筑及法定古迹活化再用。）

香港新闻博览馆手绘概念图

原状描述

香港新闻博览馆邻近永利街，前身是1953年兴建的必列者士街街市。这幢历史建筑是第二次世界大战后首批落成的公共街市之一，楼宇部分坐落于美国公理会布道所的旧址，青年时期的孙中山先生于19世纪80年代在此居住。

旧必列者士街街市于1953年建成

19世纪70年代初期的太平山是最密集的中环的华人社区

旧城皇街街景

更新前的旧必列者士街

2010年电影《岁月神偷》于永利街取景

美国公理会布道所（现称中华基督教会公理堂）旧址

地理区位现状

场地周边现状

思念文化情怀

设计理念

在国际知名电影《岁月神偷》中，呈现出20世纪60年代居民在永利街一带的生活境况，而旁边的必列者士街街市是第二次世界大战后专门为社区而建的，主要采用包豪斯现代主义风格，横向的线条、简单而不对称的几何形体和清晰的空间组织，反映了当时的建筑理想。设计在保留建筑物原始特征和角色定义元素的同时，进行新的安装以满足当前建筑物使用标准并应对计划用途，以激活城皇街—永利街—桥头街之间的连接，同时也激活新都市文旅活力。

捕捉和呼应场地文化及城市风采

主入口

新建入口和楼梯

更新策略

策略一：无障碍共融

新建的无障碍电梯将必列者士街和永利街连接起来，形成无障碍通道，让市民和游客可以轻松地进出博览馆和街外空间。

道路分析

流线分析

策略二：活化再利用

保留并修复建筑物的一些现有特征，例如遮阳窗、老式标志、大楼梯、家禽档和肉摊混凝土桌等，展示历史和社会价值。利用原本开放式布局，让市民能够自由进入博览馆，探索各种展览设施。

首层平面　　　　　二层平面

文化空间　193

实施效果

外立面改造前后对比

旧主入口

疏通后的新主入口

城皇街旧入口

无障碍共融入口

室内改造前后对比

包豪斯式主入口楼梯

主入口楼梯展览廊

旧儿童游乐场

多用途文化中心

旧的开放式市场

旧市场屠宰工作台

多媒体互动展览空间

回忆资料库

更新意义　香港新闻博览馆的更新和改造激活了"城皇街—永利街—桥头街"之间的连接，让旁边的小街融入博览馆，并加设无障碍电梯，延续了《岁月神偷》电影的邻里精神。在维护建筑物历史风貌和标志性特征的同时，进行新的改造，以满足当前建筑物标准，并适应使用需求。

香港新闻博览馆室内部展览

文化空间　195

鸟瞰图

修缮后立面

上海市中共中央秘书处机关旧址保护修缮

设计单位
上海市建筑科学研究院有限公司

设计人员
设计指导：金艳萍
建　筑：吕申婴　陈园园　姜艳隽
结　构：吉峰　兰学平　蔡容杰
给水排水：顾斌荣　刘旭兵　陈静涵
暖　通：李雅华　唐亮　周颖
电　气：孙铁军　吴海　任立国

业主单位
中共上海市静安区党史研究室

项目地点
上海市江宁路673弄2~10号

项目时间
设计：2019年7月—2020年5月
施工：2020年8月—2021年4月
开业：2023年6月

建筑面积 625.53m²

项目背景

江宁路673弄2、4、6、8、10号房屋为一栋联排石库门建筑，建于1920年前后，是典型的新式石库门建筑，2010年8月被列为上海市静安区不可移动文物。2017年5月，"中央阅文处机关旧址"由区文管委正式更名为"中共中央秘书处机关（阅文处）旧址"，并被静安区人民政府公布为区级文物保护单位，总建筑面积625.53m²。

主立面透视图

原状描述

根据1948年、1979年、2006年历史影像，推断房屋建筑环境变迁情况。房屋坐落于江宁路沿街，近昌平路路口，周围房屋大多为同时期建造的居民住宅，仅南侧地块有房屋重建情况。总体来说建筑环境、周边里弄空间格局变化不大。根据2017年历史影像资料，江宁路673弄4~10号房屋周边房屋已拆除。4号的东立面及阳台、过街楼山花及文余里弄堂口匾额、石库门弄堂等均有一定的建筑特色。

历史照片

设计理念

设计充分尊重文物建筑历史原状，慎重对待文物建筑的历史缺失和历史增建。既尽量保留历史建筑，又要使改造与原状保持相当的可识别性，做到使用功能服从于文物保护，避免引入对文物有不利影响的破坏性使用功能。

恢复阳台　　马赛克修补

更新策略

策略一：房屋室外场地修缮

由于城市总体设计，周边的商业地块高度高于建筑场地 1.5m。为了解决这个矛盾，修缮工程对建筑周边的场地采用了局部台阶的方式，设计缓坡，并且在缓坡的内外侧，分别设置了双保险的截水沟，既保证了外立面风格的完整性，又解决了排水难的技术问题。

场地剖面图

策略二：恢复清水墙、腰线、门楣、壁柱原有风貌

采用"剥除原粉刷、掏砌、剔砌、拆砌及修砌"等方法进行原样修复，按照设计图纸与历史资料，采用相近年代的旧砖，恢复红砖腰线、台口出线、石库门壁柱、门楣，整体淋涂憎水剂，防止墙面受雨水侵蚀和泛碱，并增加墙面耐久性，展现了石库门里弄建筑外立面原汁原味的清水墙效果。

建筑细部

文化空间

实施效果

室内修缮前后对比

修缮前的二层

修缮后的二层

马赛克修缮前后对比

破损的马赛克

修缮后的马赛克

更新意义

1. 保留建筑历史价值

中共中央秘书处旧址的修缮工程，按照尊重历史、修旧如旧、最小干预原则，采用传统工艺对建筑进行保护性修缮，原汁原味展示了原有石库门建筑特色，延续了历史的文脉。

2. 提升建筑科学价值

石库门住宅脱胎于中国传统的四合院，又受到西方建筑风格的影响，是文化"混血"的产物和结晶。本次修缮对建筑传统工艺、传统材料和上海石库门里弄建筑都有着重要的艺术与科学研究价值。

3. 发扬建筑文化价值

中共中央秘书处机关旧址是江宁路上重要的革命遗址。保留修缮建筑对于理解革命先烈精神、酝酿先进文化思想有着重要意义，有利于传承发扬老一辈革命家的奉献与牺牲精神。

4. 诠释建筑社会价值

在旧址前方广场上落成的主题雕塑——"忠诚与奉献"，寓意了当时隐蔽战线的秘书工作者尽管身处逆境，但机智勇敢、甘于奉献、忠于职守，诠释了"爱书爱字不爱名，求真求实不求荣，多思多谋不多怨，争苦争累不争功"的崇高职业操守，也体现上海独特的红色文化、海派文化、江南文化，反映了上海近年来优秀历史建筑保护工作和红色建筑资源挖掘的丰硕成果。

内天井

室外广场

修缮后立面细部

清水墙细部

山墙山花

门头门楣

建筑细部

办公空间

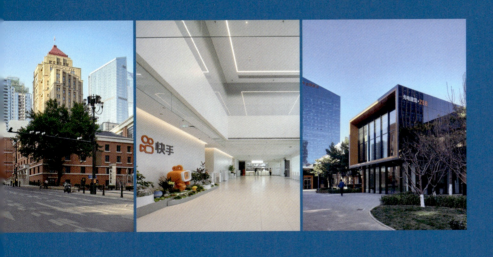

街景

成渝金融法院历史建筑群更新项目

设计单位
重庆市设计院有限公司
中冶赛迪工程技术股份有限公司

设计人员
主创建筑师：徐千里　余　水
方　　案：许　书　王森平　郭海涛
　　　　　陈世林　李　刚　李姗姗
　　　　　冯　驰　陈　健　杨　野
室　　内：王　姝　王　惟　李育峰
　　　　　董晓冰　冯克亮　赵德强
　　　　　付庆峰　袁翠雪
文物保护利用：许　书　郭海涛　李　刚
　　　　　张胜曦　王　惟
衍生周边：王倩倩

EPC牵头、施工图设计
一标段：重庆市设计院有限公司
二标段：中冶赛迪工程技术股份有限公司

业主单位
重庆渝中国有资产经营管理有限公司

项目地点
重庆市渝中区新华路

项目时间
设计：2021年7月—2021年12月
施工：2021年9月—2021年12月
开业：2022年9月

项目规模　3.2hm²
建筑面积　31964m²

项目背景

2022年初，《全国人大常委会关于设立成渝金融法院的决定》通过，这是继上海、北京之后，国内成立的第三家金融法院。该法院的重庆办公区确定落地渝中区，为重庆乃至西部地区营造良好金融法治环境、促进金融业高质量发展提供了契机。金融法院选址落户渝中半岛具有不容忽视的历史成因。自重庆开埠至抗日战争时期，在重庆母城的核心之地，曾是银行和金融机构云集的小什字片区，在战时被称为中国的华尔街。其最鼎盛时曾有愈百家国有与民营的银行和金融机构汇聚于此。时至今日，这一区域仍保留有川康平民商业银行、交通银行、中国银行、四川美丰银行等不少银行旧址，见证了20世纪三四十年代小什字片区作为战时金融核心区的辉煌历程。如今成渝金融法院落地渝中这一举措，既为城市功能的产业深化提供助力，也是对金融区历史的一种时代回响。

成渝金融法院落地渝中是对金融区历史的时代回响

办公空间

原状描述

金融法院建筑群,由五座建于不同年代的既有建筑和一座新建筑组成,整体活化利用这一建筑群落对传承该区域城市文脉,深化文化内涵,具有重要的意义。

历史上的新华路、美丰银行、千行街1号和新华路68~72号

设计理念

金融法院建筑群保护修缮和活化利用的设计涵盖了从城市空间到建筑环境,从内外空间到建筑细部,使这一建筑群落通过功能、空间、形式、色彩等诸多方面的整合,最终呈现出金融法院与城市环境的整体有机性和建筑群自身的整体协调性,以及建筑群体在形式语言叙事上的完整性。

街道是城市重要的公共空间,设计将建筑置于城市街道环境和背景中,探索建筑与城市的深层关系,既关注历史建筑的"保护",又注重整体环境在新时代新需求下的活化利用,让这个走过近百年的城市区域焕发出新的生命和活力,表现出对城市历史的极大尊重,彰显出敬畏历史文化的态度和精神。

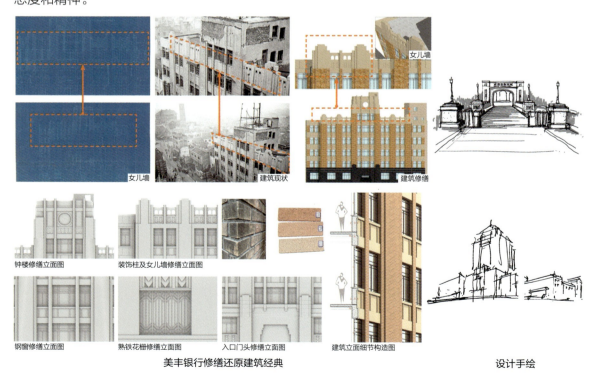

美丰银行修缮还原建筑经典　　　　　　设计手绘

更新策略

策略一：整合复杂多变的既有山地空间

充分利用建筑、城市道路与内院空间等不同场地标高，以及平街层和吊层出入口的不同方向，分别设置办公、公众、观展等互不干扰的流线，并保持各出入口的独立性。在法院内部，也通过立体复合方式组织与串联法院内部各功能单元，使该建筑群在有机融入城市整体的同时也保持自身的协调性与合理性，从而将山地复杂的交通组织难点转化成为解决复杂功能的优势。

顺应和整合复杂多变的山地空间

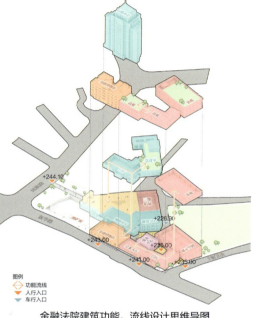

利用不同标高设置独立功能出入口

金融法院建筑功能、流线设计思维导图

策略二：协调统一建筑形式语言和色彩

在四川美丰银行的修缮设计中遵照原真性原则，还原建筑经典的现代装饰主义风格。同时，整体尊重和还原新华路 66 号、68~72 号两栋历史建筑红砖坡顶等建筑特征，但在立面细节上运用了与金融法院建筑功能和性格更相匹配的形式语言。而对于紧邻的新建建筑，采用了与历史建筑同样的立面形式和建筑语汇，使更新建成后的建筑群浑然一体。原银监局大楼的改造，保持原有对称于美丰银行的格局，采用新古典主义风格对立面进行更新改造，同时优化建筑的天际轮廓线，突显该高层建筑在整个现代装饰主义风格的统筹，匹配建筑群落中的统领地位。

新旧建筑的协调和统一

原银监局办公楼改造前、改造后的屋顶

由历史建筑围合而成的内庭空间

办公空间　　207

策略三：梳理整体空间秩序，处理建筑功能关系

设计对于内外空间营造的创意，是通过化繁为简的手段，充分利用原有建筑方位、标高、体量关系等变化，将原本各自独立的五幢既有建筑和一幢新建建筑，巧妙地组织成为一个围院式空间结构，而使改造后成为单层集中式空间的千行街1号建筑处于围院空间中央，形成院中院的空间布局。该内院空间，起到了办公与法庭审案中法官内部动线的转换作用，也承担了办公人员对户外活动的使用需求。

将山地复杂的交通组织难点转化成为解决复杂功能的优势　　通过立体复合方式组织功能单元使建筑群有机融入城市整体并保持自身协调性与合理性

内庭空间1　　内庭空间2　　千行街1号多媒体中心　　坡屋顶中法庭

策略四：重现经典建筑空间序列

四川美丰银行作为国家级文物保护建筑，其室内空间本身就是文物的有机组成部分，特别是从入口至大厅的三进大门所形成的空间序列，以及负一层所保留的金库库房所展现的精致工艺等，都具有极高的保护价值。设计中严格遵照原建筑设计图纸进行修缮保护，并赋予美丰银行与金融法院相对独立的功能，将其作为金融与法治博物馆，供公众参观游览。

四川美丰银行修缮后

美丰银行旧址——金融博物馆室内实景

修缮后的美丰银行旧址入口三进空间

实施效果

改造空间前后对比

新华路68~72号

重塑历史城区新形态，延续历史建筑新生命

千行街1号

新旧建筑的协调与整合

更新意义

成渝金融法院历史建筑群的修缮、保护、改造和利用，是充分尊重城市文脉、环境特性、时代发展和当下日常等多方因素，使历史建筑与当下社会生活协调、对话而创造的具有鲜明山地城市特色的复合功能空间。设计的过程并非对于某种单一元素或线索的强调，而是基于城市环境、功能需求及其相关约束条件所进行的合理化统合，其中场所、文脉、形式、空间、结构、材料等均处于与城市文化和环境背景互动互洽的关系之中，因此既表现出对于城市传统的尊重，又创造和激发出现代城市应有的生机与活力。与此同时，设计并未将这一极具功能性的建筑群仅作为一个独立内向的建筑类型对待和处理，而是将其融入城市公共空间，使之成为城市人居环境整体品质提升的一部分，这也是这个项目更具普适价值和意义的地方，在某种意义上也涉及了历史城区、传统建筑保护利用模式的探索。正像关于上海中国石化第一加油站设计的观点，其在"类型学的突破产生多样性的场景并触发丰富的体验；日常性和开放性的介入使空间更有温度和活力；新与旧的叠合产生协调与对话的关系，让公共空间同时包容时间的厚度与创新的亮点"，我们希望"将其纳入城市景观的系统性考量，真正成为可以进入，可以触摸，可以感受的风景的一部分"。

成渝金融法院建筑群夜景鸟瞰

从城市街心公园看向金融法院办公大楼

办公空间

室内空间

北京市快手全球总部元中心项目

设计单位
中建研科技股份有限公司

设计人员
项目总负责人：代　理
设计总负责人：张　宇
室内设计总负责人：曹殿龙
项目管理：刘　燕　商　琴
室　　内：李　琳　张　杰　孔德强
　　　　　常　婷　牛天胜荣
　　　　　张蕾蕾　李　浩　时海明
　　　　　张　光
建　　筑：周　琦　邓　悦　张海涛
结　　构：张红和
给水排水：刘春华　魏　芮
暖　　通：耿永伟　郝　亮　董新伟
电　　气：汤海娜
智 能 化：张诗模　梁晓亚
照　　明：沈祉晗　张树茂
驻场设计：袁然铭

业主单位
北京顺捷中恒科技有限公司

项目地点
北京市海淀区

项目时间
设计：2021年8月—2022年9月
施工：2021年12月—2023年6月
开业：2023年7月

项目规模 6.98hm²

建筑面积 200000m²

项目背景

快手总部元中心项目位于北京海淀区西二旗中路29号，与小米科技园毗邻，这里是中国最密集的科技企业集中区之一。

其原址为北京家喻户晓的三元牛奶厂旧厂区。20世纪80年代，这里是奶牛养殖场，1990年代建成为三元乳制品厂，2010年开始，伴随着北京市的城市发展战略，牛奶厂整体外迁，2021年转型蝶变为中关村移动智能服务创新园。快手将新的全球总部规划选址在这里，建筑规模约为20万m²。

这也是见证从农业到工业再到科技信息产业发展的时代变迁掠影。

园区内景

办公空间

| **原状描述** | **新一代科技型产业园区的更新改造** |

随着信息科技的快速发展，传统的办公模式和个体的工作范围已经发生了改变，而且以肉眼可见的速度在变快。作为快手新的总部园区，设计和改造的总规模约为 20 万 m^2，共计 9 栋楼。在这里，将来要有 20000 人进驻，要满足 10000 人规模的就餐和配套服务。要实现众多功能模块，包括办公、会议、就餐和商业、休闲健身、公共接待、服务中心、演播和用户体验等。作为毛坯交付的传统办公产业园，原始的建筑功能布局已经远远不能满足如此密集且多样复合的使用需求。

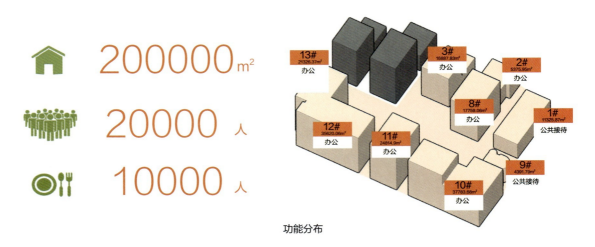

200000 m^2

20000 人

10000 人

功能分布

| **设计理念** | **以用户需求和体验为中心——温暖、包容、多元、融合** |

即使设计面对和要解决的问题错综复杂，但是如何实现最佳的使用体验一直是核心点，这也是这个时代科技型企业的文化特点：更直接、更高效、更强调人性化体验。

渐进式的更新设计

设计采取分批次组合功能模块，按照先易后难的顺序，及时分析总结前批次工程的经验，对后批次工程的标准、计划随时调整。这个期间，也需要根据运营需求的变化进行动态设计调整和分析评估，以满足用户的终端使用。整体规划、分批次设计、招标、施工、验收、投用、审计等统筹项目计划，确保项目如期整体实现。

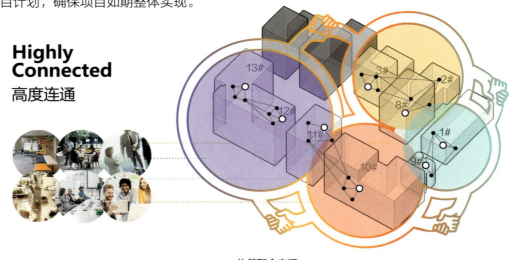

Highly Connected 高度连通

构筑聚合空间

更新策略

策略一：查验评估先行

在超大型科技产业园区改造更新前期，现状查验评估是非常必要的。设计管理团队针对项目的既有条件和使用需求，预先策划和编制查验方案（包括人员组织、查验流程、查验标准、查验内容）。经过查验团队多次现场查验并形成查验成果报告，通过对既有设施设备的详细尽调，标定既有设施的残余寿命，评估后续成本，最大程度利用既有设施，为后续改造技术方案设计提供了重要且扎实的客观依据。

改造前现状

策略二：遵循四个维度进行改造前期分析

1 园区功能流线规划　2 建筑功能重新落位　3 现状建筑评价分析　4 改造技术可行性

通过对功能空间容量与不同人群行为规律的分析研究，对比既有电梯运力的量化评估，提出对不同楼层人群采用楼电梯结合使用、后勤供给分时段安排等运管方案。对现状条件进行评估分析；对既有机电进行复核，明确系统拆除范围，对各机电系统的改造方案对比分析；通过跨专业综合一体化设计，在极其有限的层高条件下实现了净高最大化、无阻碍视线等空间的高品质体验感。

改造后的空间实景

办公空间

策略三：基于运营需求研究的设计目标

通过对园区周边交通设施分布、实际通勤强度的调查分析，确定园区入口及园区内交通组织策略。通过对园区既有建筑的详尽勘测分析，整体规划各业务部门的位置、空间规模、业务流线，集中配置服务功能，在人员高密度条件下达到安全高效，减少对交通设施需求的压力，缩短人行在途时间。围绕设计品质、改造可行性、经济性、运营效率、使用体验等进行多方案的对比和论证，实现了设计需求与现状条件的高效结合。

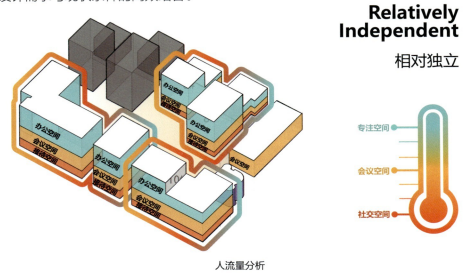

人流量分析

策略四：体验与性能并重的更新设计

设计采用极简主义设计风格，强调直接高效的企业文化，企业标识鲜明突出。办公空间通过中性色调，表达空间最大化、视觉通透的设计效果，力求在设计效果与严格的成本控制标准之间寻求最佳平衡点。在重点区域部位以效果为先，在量大面广、辅助功能等区域则通过充分利用旧材料和工法优化等方法实现安全耐用前提下的成本控制。

极简鲜明的设计元素

实施效果

温暖的科技感

设计巧妙地将互联网企业的多元文化元素融入空间设计中，以"温暖的科技感"为核心理念，通过简约现代的设计风格、色彩调和及环境图形的叠合运用，营造出一种简约、科技与人性化的办公氛围。这种设计不仅体现了企业品牌文化的丰富多元性，也彰显了总部办公空间的独特魅力与互联网内核精神的高度链接。

改造后的典型空间

更新意义

1. 科技型产业园区的更新设计

快手全球总部元中心项目是园区更新设计的新探索。全面的利旧查验和多专业评估分析，以满足高效的功能需求和使用体验为中心，来确定最合适的改造技术方案。在实现传统产业园向新型互联网科技信息产业总部园区的有机转换过程中，项目设计实现了从前期尽职调研、规划策划、检测评估、综合设计、专项咨询到施工配合、验收调试、综合提升的全过程建筑改造模式的探索。

2. 基于多专业整合的设计统筹

快手全球总部元中心项目采用设计总包模式，需要统筹协调建筑、室内、结构加固、机电、照明、声学、标识、展陈等设计，同时整合机房工艺、视像工艺、厨房工艺等专项设计，全程跟踪管控现场实施与设计的一致性。通过设计统筹管理，不仅实现设计成果的及时交付，更重要的是实现了专业设计间的精准对接，进而可以提供完整的一体化整体解决方案。多专业和跨行业的统筹协作，在城市更新领域将是未来发展的趋势。

办公空间

更新后的光电建筑

中国建研院空调楼光电建筑改造项目

设计单位
中国建筑科学研究院有限公司
建科环能科技有限公司

设计人员
原创方案：薛 明　王 军　陈 旸
　　　　　孙 龙
建　　筑：薛 明　王 军　肖 艳
　　　　　王聪辉　张晓东　周宣彤
　　　　　吕润泽　陈 旸　孙 龙
结　　构：白雪霜　齐 娟　刘 培
　　　　　罗开海
暖　　通：王聪辉　郑瑞澄　张益昭
电　　气：王聪辉　张 莓　邵利民
　　　　　王 虹
项目管理：李博佳　冯爱荣

项目地点
北京市朝阳区北三环东路 30 号

竣工时间
2021 年 12 月

用地面积 0.2hm²

建筑面积 2850m²

项目背景

中国建研院光电楼是在一座 20 世纪 70 年代建设的两层红砖办公楼的基础上改建而成的。在建设新主楼时，为了避让未来规划道路，东侧拆去了一跨。因此利用这次改建的机会，将拆去的一部分面积补回，在主入口处增设了一个门头，其首层作为入口门厅，二层作为光电技术展厅兼工作间。

改造前主入口

改造前次入口

原状描述

本项目位于北京市朝阳区中国建筑科学研究院有限公司（简称建研院）园区内。主体为地上两层的砖混结构，无地下室。原设计使用功能为办公楼，原建筑面积约 3000m²。

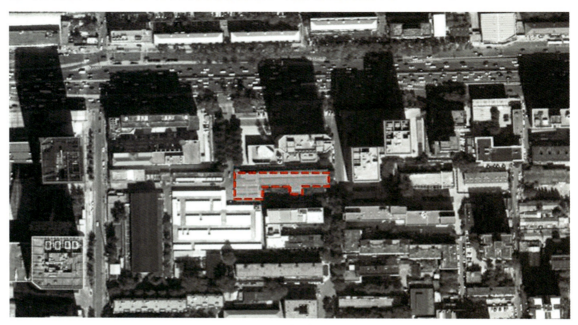

项目区位示意图

设计理念

这座看似普通的老办公楼实际上具有不可替代的历史价值。它不仅承载着建科环能科技有限公司（原建研院空调研究所）的珍贵历史，也承载着建研院不可多得的场所记忆。此次改造，建筑师在尽力使光电楼达到发电效能之外，还必须全面关注建筑的本体意义。因此，如何处理好立面新旧元素的关系，成为这次改造任务的关键。在与光电专家反复测算不同光电板布置方案的发电效能后，设计从建筑本身的特点出发，充分利用屋顶面积，适度利用立面面积，达到了满足全楼用电需求的目的。

设计手稿草图

更新策略

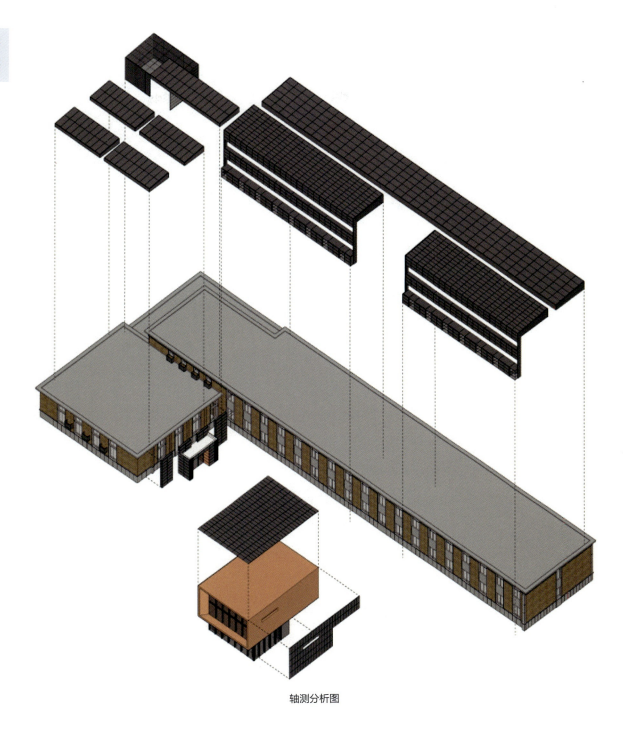

轴测分析图

设计利用了大约80%的屋面面积作为光电屋面；立面仍然用大部分红砖外墙，仅在南立面和部分东立面增加了占立面一半左右的光电板。新增的门头，充分利用其屋顶和二层东西两个立面铺满光电板，并将二层南侧用透光率70%的光电玻璃作为展厅采光和观景落地窗。如此实施的方案，将光电板作为外墙饰面材料，与建筑原立面以穿插对比的方式结合，既呈现出建筑新旧各部分的真实交接，又使建筑保持了完美的整体感。特别是对于熟悉它的人们来说，就像老朋友换了新衣，一眼就能认出来，同时又感到老朋友变年轻了。

办公空间

实施效果

改造前外立面

改造后外立面

更新意义

项目改造于2021年初开始,当年12月份竣工并投入使用。改造后铺设的光电装机容量1500m²,光伏装机容量235kWp,光伏系统年发电量220000kWh,净产能约25000kWh,成为国内同期同类建筑中单位建筑面积净产能最大的案例。

更新后主入口人视图

更新后屋面俯视图

体育及交通空间

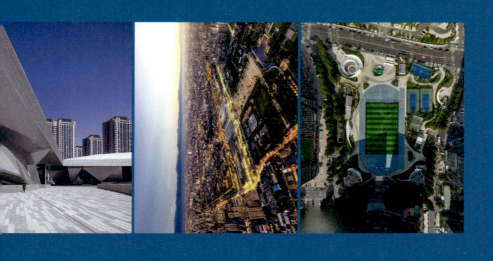

入口广场

太原市滨河体育中心改造扩建

设计单位
中国建筑设计研究院有限公司
北京中体建筑工程设计有限公司

设计人员
设计主持：崔　愷　景　泉　徐元卿
建　　筑：张翼南　李静威　姚旭元
　　　　　徐建邦
结　　构：施　泓　陈　越
给水排水：朱　琳　杜　江
暖　　通：徐　征　唐艳滨　高丽颖
电　　气：常立强　肖　彦
总　　图：段进兆
室　　内：邓雪映　李海波　陆丽如
智 能 化：刘　炜
景　　观：关午军　朱燕辉　申　韬
　　　　　戴　敏
幕墙设计：郑秀春　陈　飞

业主单位
太原市体育局
太原市住宅保障中心

项目地点
太原市万柏林区漪汾街1号

项目时间
设计：2017年1月—2018年3月
施工：2017年6月—2019年2月
开业：2019年4月

项目规模 7.32hm²

建筑面积 49033m²

项目背景

太原市滨河体育中心老馆建成于1998年，是山西省早期修建的大型综合性体育场馆和公共活动场所之一；改造后作为2019年第二届全国青年运动会乒乓球和举重比赛场馆，兼顾赛后全民健身中心功能。

太原市滨河体育中心改造后鸟瞰

原状描述

老滨河体育中心是一个相对封闭的场院，经过20多年的实际运营，改造前的老滨河体育中心已然形成一个类体育综合体的概念；不过，其形象也因无序增殖的商业金融和游艺设施而变得满目疮痍，陈旧的设备设施、落后的停车配套、斑驳的建筑外观和零乱的门脸广告，都使老滨河体育中心逐渐远离市民生活而成为时代记忆。老滨河体育中心场馆设施老化，沿街建筑风貌混乱且周边环路交通组织不便，缺少绿地和停车设施。

老滨河体育中心及周边现状

设计理念

在以人民为中心、深入实施健康中国战略和全民健身国家战略的大背景下，老滨河体育中心的改造除了短期内满足第二届全国青年运动会比赛设施的要求外，更长远的考虑是通过改造升级，为赛后的全民健身扩大场地设施供给，提升场馆向青少年、老年人、残疾人开放的服务水平，使大型公共场馆更好得融入城市生活。

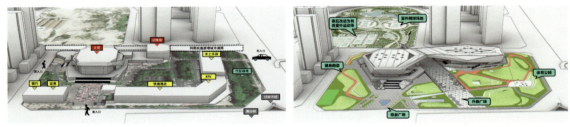

改造前　　　　　　　　　　　改造后

太原市滨河体育中心改造后城市层面鸟瞰

更新策略

策略一：整理环境要素

本方案拆除周边建筑将滨河体育中心主体露出城市界面，形成城市视角形象，将腾退的场地及东侧代征绿地统一设计体育公园；利用公园地下设置600辆规模地下车库，解决地面乱停乱放问题；将腾退的服务性功能植入建筑内部，赛后作为体育培训、体育商业等租赁，为场馆生命周期的良性运营提供基础。

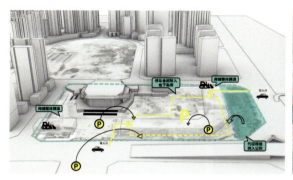
周边环境要素的整合策略

建筑功能整合的实际效果

策略二：安全性保障

保留的老馆原钢结构网架已变形，经结构检测和经济性论证后整体更换；老馆的混凝土部分采取增加阻尼器、粘接钢板及钢筋网片等方式加固。

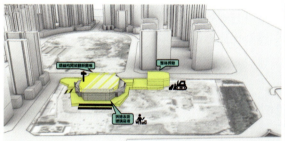

结构保留、拆除、加固

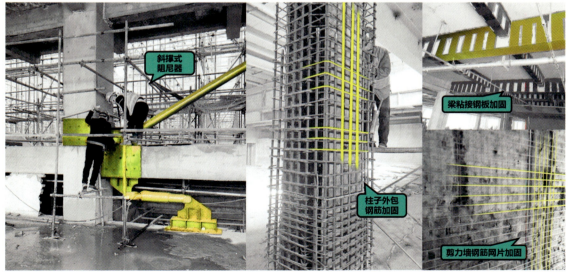
结构加固的具体措施

体育及交通空间　227

策略三：功能空间品质提升

局部打通观众集散厅楼板，形成上下贯通的空间，同时增加斜向支撑用以实现上部悬挑的室外平台并天然成为通高门厅内的装饰造型；东侧通过新建结构扩大通高的公共空间。

改造前　　　　　　　　　　　　　　改造后

策略四：延续建筑记忆

老馆外立面标志性的Y形造型在改造中得到保留，并采用横向条状参数化处理的铝板幕墙赋予其新的肌理，实现开窗处"鲨鱼腮"形态格栅掀起。

改造前　　　　　　　　　　　　　　改造后

策略五：再现环境要素并增进公众参与

主入口大台阶和喷泉及旗杆广场，老滨河体育中心的元素在新的场地设计中都有意向上的延续，同时提供了大量市民健身休闲的场地。

入口广场　　　　　　　　　　　　　景观绿道

实施效果

主入口前后对比

建筑外立面斑驳，交通混杂

提取老建筑元素，景观与建筑设计相辅相成

比赛场地前后对比

设施陈旧，设备落后

室内设计延续建筑元素

更新意义

改扩建工程于2017年启动，于2019年初全面竣工，2019年夏季圆满地完成了第二届全国青年运动会竞赛任务；当年秋季，滨河体育中心各场馆及户外活动场所、设施全部对外开放，并承接了各类赛事、演出和庆典活动，北区室外网球中心12块标准网球场中的6块对外开放，其余供运动队使用。除承接省市级比赛外，目前向公众开放的低收费活动项目包括乒乓球、羽毛球、篮球、网球、游泳等，日均接待量上千人次；同时为重点业余体校多支队伍免费提供训练场地，助力太原市竞技体育发展；另有体育培训机构长期在馆内进行教学活动及承接演唱会等商业活动，已经实现了以馆养馆的良性运行。

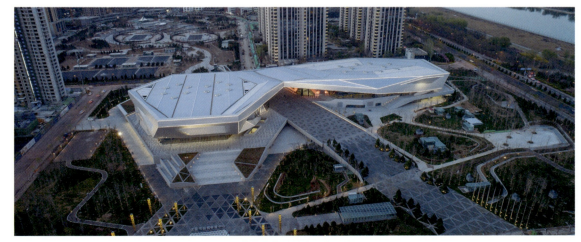

太原市滨河体育中心夜景鸟瞰

体育及交通空间

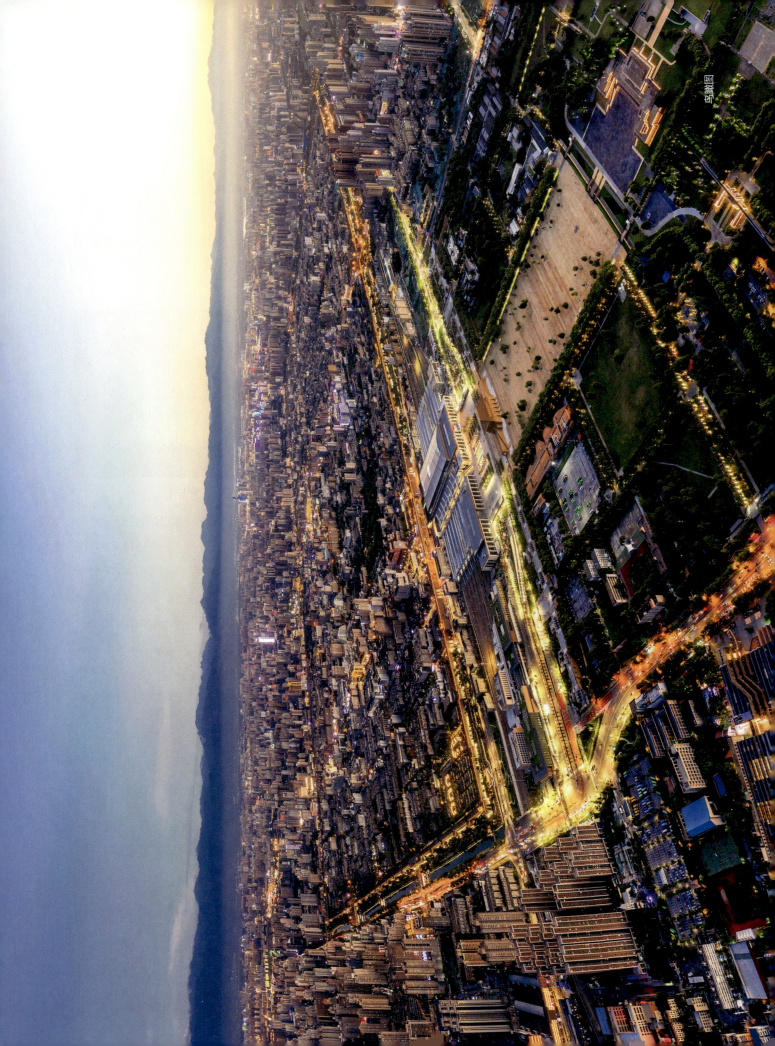

西安铁路枢纽西安站改扩建及周边配套工程

设计单位
中国建筑西北设计研究院有限公司
中铁第一勘察设计院集团有限公司

设计人员
项目负责人：赵元超　傅海生
建　　筑：李　冰　窦　勇　白正建
　　　　　李　强　康志明　白　涛
　　　　　蒋　超　梁　怡　张　鹤
　　　　　荆泳泉　刘玉玉　李晓萌
　　　　　沈　磊　白玎玎　邱　爽
结　　构：赵　波　郭　东　史生志
　　　　　孙建龙　蔡玉军　张　谦
给水排水：张博韬　钟义梅　牛小磊
　　　　　邓保顺　马江燕　刘世骏
暖　　通：江　源　陈闵瑞　杨春方
电　　气：谢夕闪　闫　豪　梁　辉
　　　　　杨晓玲　刘广军　马　瑛
项目管理：白　涛　康志明

业主单位
中国铁路西安局集团有限公司

项目地点
陕西省西安市新城区

项目时间
设计：2014年6月—2020年6月
施工：2020年6月—2021年9月
开业：2021年9月

项目规模 11.5hm²

建筑面积 450000m²

项目背景

西安位于我国"五纵五横"运输大通道的重要节点上，是西北地区最大的客、货集散地和中转中心，在政治、经济和国防上都具有极为重要的地位和作用。西安火车站始建于1934年（时称西安车站），1985年对西安站进行了首次改扩建，至2012年客流量已基本达到饱和状态。因此，西安铁路枢纽西安站（简称：西安站）的运载能力、站房规模及设备功能等均已不能满足未来日益增长的客运量需求。

西安站改扩建后整体鸟瞰

原状描述

西安站铁路线以北地区原本规划为城市的仓储区，由于铁路线的隔离，限制了西安北部的发展，逐步形成脏乱差的棚户区，成为著名的"道北"地区。同时，西安站的区位十分特殊，位于西安明城墙与大明宫遗址之间，这使得西安明城墙内繁荣的城市景象与大明宫遗址周边破败的环境形成鲜明对比。

因此，从某种意义上说，西安站成为城市北跨发展的桎梏，并且无论是车站本身的候车环境还是车站规模都跟不上城市日益发展的速度和水平，西安站改扩建迫在眉睫。

改造前南广场鸟瞰　　　　　　　　　　　改造前周边区域鸟瞰

设计理念

总体规划以大雁塔—明城墙—火车站—大明宫这一历史文化轴线为核心，以大明宫遗址为主体，采用"主从有序，北站房、东配楼、丹凤门三足鼎立"的布局方式，三者共同围合形成火车站北广场，所有机动交通均位于新建广场地下。

规划在既有车站北侧新建北站房、高架候车室及站台雨棚；对既有南站房进行适应性改造；另在北站房的东侧新建东配楼，用于铁路综合开发；同时完善周边商业配套。

规划中提出"大唐天街"的概念，即将北站房、东配楼及三地块整体串联起来，向南通过景观天桥与解放路商圈相接，向北通过跨太华路天桥与大华1935及大明宫周边商圈相接，从而使整个火车站片区与老城区共融共生，激活片区活力，实现商业的可持续发展，打造多元文化与产业相结合的都市商业模式，进一步带动大明宫周边地区未来的更新发展。

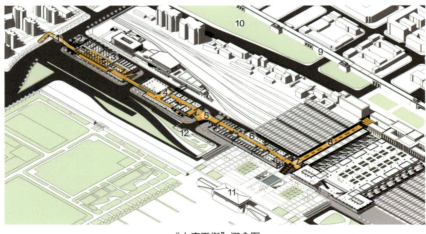

1 天桥
2 丹凤御苑
3 民乐新园
4 宴乐广场
5 室外平台
6 东配楼中庭
7 阊阖广场
8 丹凤门街
9 西安明城墙
10 环城公园
11 丹凤门
12 地铁出入口

"大唐天街"概念图

更新策略

策略一：重塑历史轴线

西安站改扩建打通了明城墙与大明宫的连接，打破了铁路线对城市的割裂。位于中轴的跨铁路线景观天桥建立了南北通道，并与地下的市政通廊一起向城市开放，"盛唐轴线"以一种全新的方式被重塑。

景观天桥实景

从地下市政通廊仰望丹凤门

西安站北广场与丹凤门的空间联系

策略二：既有站房更新

对既有站房的改造策略遵循"修旧如旧"的理念，基本保留原有外立面和室内的空间，仅进行局部修葺和整体清洗，室内在保留原有候车功能的基础上，充分挖掘历史文化元素。

既有站房进站大厅改造后实景

高架候车大厅实景

策略三：新建站房及配楼

在满足基本功能需求的基础上，设计对于新建建筑的立面风貌采取了隐喻的手法，对周边历史作出回应，做到现代简约与传统精髓的和而不同、和谐统一。高架候车厅室内设计重点考虑了旅客的候车环境体验，体现了传统风格的现代表达。

从丹凤门上看新建站房及配楼

从丹凤门上看新建站房

从东配楼看丹凤门与北广场

策略四：完善周边配套

以"大唐天街"的概念将北站房、东配楼及周边配套地块整体串联，连接解放路商圈与大华1935及大明宫周边商圈。利用这条长达600m的天街，把西安不同时期的历史遗产有机连接起来，形成以铁路交通为纽带的多元历史文化复合街区。

商业配套地块实景

实施效果

改造前后对比（北广场鸟瞰）

改造前后对比（南广场鸟瞰）

更新意义

城市更新是一条艰难之路，也是一段长期的历程，需要平衡各方利益，也要取得理念和态度的共识。城市的立体化发展使我们有能力建立地下的交通设施和立体的街区，对城市的全面理解也使我们认识到城市最值得保护的价值所在。西安站改扩建工程的实践提供了一条城市更新与风貌保护的途径，实现城市艰难的统一和各种矛盾的化解。从这个意义上来说，这也是西安难度和规模都很大的城市更新改造工程。

西安这座城市带有强烈的历史文化印记。如果说周秦汉唐文化早已深入古代西安的历史基因，那么西安站本身也是西安百年城市发展的缩影，见证了近百年的历史沧桑。未来的西安站不但是一座集铁路、城市轨道、道路交通换乘功能于一体的交通综合体，也是一座多元的城市文化综合体，将带动城市周边的可持续发展，为区域不断注入能量，增强城市活力，成为古城文化复兴、城市风貌整体保护与可持续发展的重要实践。

从北广场看北站房与丹凤门　　　　　　　　　　从南广场看南站房与明城墙

鸟瞰图

济南市舜泰运动广场微更新

设计单位
中建研科技股份有限公司

设计人员
设计指导： 张　宇
建　　筑： 周　琦　贺宏伟　周　超
　　　　　　 尹　琴　刘颐佳　张馨尹
　　　　　　 刘　满　杨小玲
结　　构： 唐　宇　董　帅　周　颖
　　　　　　 王　雷
给水排水： 李　锐　刘春华　陈思飒
　　　　　　 王海霞　魏　芮　邹　燕
暖　　通： 黎　韬　李　红　陈晓宇
　　　　　　 马　增
电　　气： 刘　丹　邱永红　张福川
　　　　　　 邱　悦　庞姗姗　汪嘉懿
智 能 化： 杨彩霞　张诗模　董博晨
项目管理： 胡　艳　袁然铭

业主单位
济南高新智慧谷投资置业有限公司

项目地点
山东省济南市历城区高新区

项目时间
设计： 2021年7月—2021年11月
施工： 2021年12月—2023年5月
开业： 2023年10月

项目规模 2.48hm²

建筑面积 48329m²

项目背景

为解决所在区域停车设置不足、交通拥堵、环境品质低下等问题，项目在舜泰运动广场原址地下部分增建智能化全机械机动车停车设施（容量约1000辆）、自行车停车设施（容量约2500辆）、社会商业服务设施（约9500m²）；地上部分还建体育运动设施，提升景观绿化品质，并增设市民休闲空间。

更新后环境活跃有序

原状描述

舜泰运动广场与汉峪金谷共同组成济南东部的大型商务办公集群。随着产业的快速发展，上千家企业入驻舜泰运动广场，主要是科技型中小企业和总部机构。随着在此办公的人数达到5万，园区就业人员办公及车辆停放都呈饱和状态。由于人员高度集聚，对于园区企业职工而言，普遍面临的困扰是上下班交通拥堵、停车位不足和就餐困难，至于休闲、购物、健身等与生活品质相关的需求同样难以就近满足。

更新前环境拥挤嘈杂

设计理念

设计方案以城市更新视角，通过建筑、交通、景观等学科跨专业协作，立足于解决城市增量发展产生的停车难、交通堵塞、城市空间品质破坏、市民活动场所被侵占等实际问题，以改善城市机能、提升环境品质、织补城市空间为目的，探索综合解决城市发展问题的新途径。

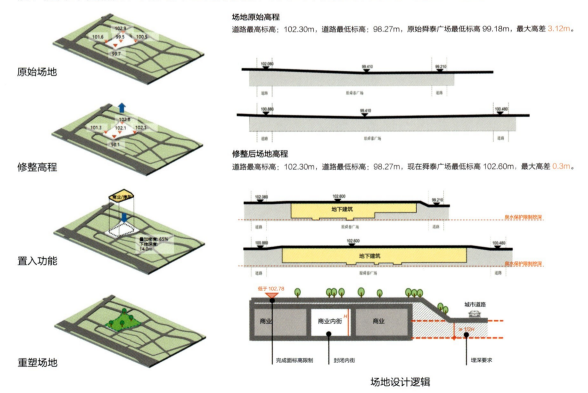

场地设计逻辑

| | 更新策略 |

策略一：拓展容量

依托智慧化系统与机械停车设置新技术组合，实现区域停车总容量的增加，缩短平均存取车时间，提高整体运行效率。

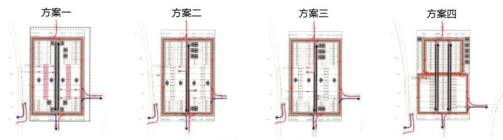

机械停车方案比选

序号	比选项	方案一	方案二	方案三	方案四
1	普通车位数（个）	141	158	158	189
2	机械车位数（个）	1059	1042	1042	1011
3	平均排队长度（辆）	1.53	1.17	1.17	1.02
4	平均等待时间（s）	177	145	145	132
5	车库交通组织	普通停车与机械停车未分隔	普通停车与机械停车未分隔	普通停车与机械停车未分隔	普通停车与机械停车分隔；机械设备需要在不同时段进行调整，不利于车辆引导

策略二：修复机能

采取建筑师、停车设备提供商、交通工程师的即时联动工作机制，寻求车库运行与城市道路交通综合性能的最佳匹配方案，以平衡停车设施增量与道路交通负荷减量。

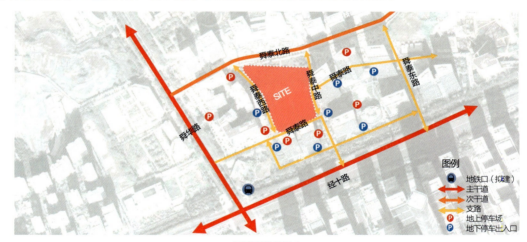

区域交通分析1

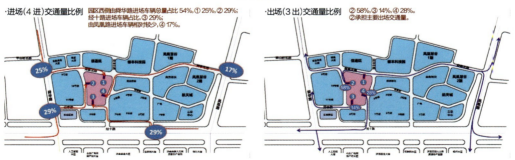

区域交通分析2

体育及交通空间　239

策略三：提升功能

基于环境和市场需求调研，在实现运动设施多样化的同时，植入商业服务设施和文化休闲空间，实现社区范围内的功能综合配套和品质提升。

足球场　　　　　　　　　　　　　　　　看台

策略四：织补空间

通过对人群综合行为规律的调查分析，结合对场地地貌的重塑，对车库和商业出入口设置位置、运动场地设施的功能分区、景观功能分区等方面综合考虑，形成多层次的行为场所和路径，满足不同人群运动、休闲、交往的需求。坚持以人为中心的设计理念，为商务办公人员、原住居民、游客提供了更加安全、便利、惬意的高品质环境。

商业入口平视　　　　　　　　　　　　　休闲步道1

休闲步道2　　　　　　　　　　　　　　商业室内

实施效果

舜泰运动广场微更新项目设置中央足球场及环形塑胶跑道、2个三人制足球场、1个篮球场、2个网球场等运动设施，为周边从业者和居民提供了良好的运动休闲场所。场地四周下沉广场出入口设置台地景观并由苗木长廊串联，结合50m风雨看台和超过200m的花坛座椅，为运动员和观众提供休憩交流的场所，也成为原住居民流连忘返的生活休闲场所。

项目建成后，"停车难"问题也被破解。舜泰运动广场智慧停车场已投入试运行。该智慧停车场位于舜泰运动广场下方，共包含1000个机动车停车位和2500个非机动车停车位。同时，智慧停车场采用智能化停车系统，取车时间将缩短至2分钟左右。

区域交通前后对比

交通拥堵混乱，占道停车情况严重

交通状况明显改善，严谨有序

运动设施前后对比

运动设施单一，使用率较低

丰富的运动设施，为市民提供多样的运动场所

改造前后面积对比

设施面积	商业	机动车库	非机动车库	公共厕所	母婴室	原运动设施	休闲广场
改造前/m²	0	0	0	0	0	9070.28	0
改造后/m²	9475.13	33253.54	4114.18	50.48	12.18	13078.09	6497.87

更新意义

项目于2023年建成投入运营，初步形成良好的运营效益；环境品质的大幅提升，为片区从业人群和广大市民提供了内容丰富的高品质运动空间和设施和生活休闲场所。

通过本项目的实践，也促使我们对今后的城市更新方向进行更深层次的思考：关注实体功能与综合性能的平衡；关注建筑与城市、环境与人的关系；关注设计对人居环境的赋能作用。

丰富的商业业态

多样化的运动设施